탈레스가 들려주는 평면도형 이야기

탈레스가 들려주는 평면도형 이야기

ⓒ 홍선호, 2010

초　판　1쇄 발행일 | 2006년 7월 5일
개정판　1쇄 발행일 | 2010년 9월 1일
개정판 11쇄 발행일 | 2021년 5월 31일

지은이 | 홍선호
펴낸이 | 정은영
펴낸곳 | (주)자음과모음

출판등록 | 2001년 11월 28일 제2001-000259호
주　　소 | 04047 서울시 마포구 양화로6길 49
전　　화 | 편집부 (02)324-2347, 경영지원부 (02)325-6047
팩　　스 | 편집부 (02)324-2348, 경영지원부 (02)2648-1311
e-mail　| jamoteen@jamobook.com

ISBN 978-89-544-2099-0 (44400)

탈레스가 들려주는

평면도형
이야기

| 홍선호 지음 |

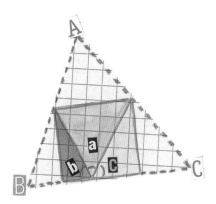

|주|자음과모음

| 책머리에 |

탈레스를 꿈꾸는 청소년을 위한
'평면도형' 이야기

우리 반 수업 시간에 수학을 잘하는 정민이에게 이런 질문을 했습니다.

"100원짜리 동전을 원이라고 할 수 있을까요?"

"원이라고 할 수 없습니다."

"왜 그렇게 생각하죠?"

"100원짜리 동전 둘레에는 톱니바퀴 모양이 있기 때문입니다."

정민이는 자신 있게 대답했습니다.

"그렇다면 톱니바퀴가 없는 10원짜리 동전은 원이라고 할 수 있겠네요?"

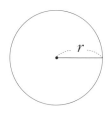

"네, 10원짜리 동전은 원입니다."

다른 아이들도 대부분 정민이의 의견에 동의하고 나섰습니다.

나는 아이들에게 원의 정의를 이렇게 이야기해 주었습니다.

'원은 평면 위의 한 점으로부터 일정한 거리에 있는 점들의 집합이다.'

그러자 아이들은 한두 명씩 모여 10원짜리 동전과 100원짜리 동전은 원이 아니라고 수군대기 시작했습니다.

여러분들은 원의 정확한 의미를 무엇이라고 생각하나요?

자, 이제부터 도형의 정확한 의미는 무엇인지, 도형은 어떤 필요에 의해 만들어졌는지, 그리고 어떤 발달 과정을 거쳐서 지금의 도형 세계를 구축했는지 알아봅시다. 또한 이 책을 통하여 위의 질문에 대한 답도 얻을 수 있을 것입니다.

그럼 평면도형의 세계로 떠나 볼까요?

홍 선 호

차례

기하학의 시조, 탈레스

기하학을 그리스에 처음 들여온 사람은 탈레스입니다.
탈레스가 이집트의 기하학을 어떻게 그리스의 학문으로 발전시켰는지 알아봅시다.

탈레스는 자신을 소개하며
첫 번째 수업을 시작했다.

안녕하세요? 나는 그리스의 철학자이자 수학자인 탈레스
입니다.

여러분들은 그리스 학자라고 하면 피타고라스, 소크라테
스, 플라톤, 아리스토텔레스, 에우클레이데스, 아르키메데스
같은 사람들을 떠올릴 겁니다. 그러나 나는 그 사람들보다
먼저 태어나 그리스 수학의 기초를 세운 그들의 선배이지요.

나는 젊었을 때 이집트와 메소포타미아를 돌아다니며 동방
의 지식을 수용하였고, 그렇게 얻은 지식을 학문의 바탕으로
삼았지요. 특히 이집트에 머무는 동안 승려들과 친하게 지내

며 그들로부터 다양한 지식을 얻어 수학과 철학에 몰두하게
되었습니다.

내가 승려들로부터 얻은 것은 예로부터 사원에 전해지던
소중한 책으로 이집트에서 발달한 수학과 천문학에 관한 책
이었습니다. 그 책을 얻은 후 나는 밤낮을 가리지 않고 탐독
하여 거기에 씌어 있는 내용들을 이해하게 되었습니다.

그 후 그리스로 돌아와 수학과 천문학에 대한 연구를 계속
하였고 결국 학자가 되었습니다.

그 당시 내가 이집트나 메소포타미아에서 배워 온 지식들
은 학문적인 지식이라기보다는 실용적인 지식에 불과했습니
다. 사람들은 지식은 단순히 '이러저러한 방법으로 풀면 답이
구해진다'는 식일 뿐, 왜 그러한 방식으로 구하는지에 대해서
는 이유를 밝히지 않습니다. 그래서 나는 '왜 그럴까?'하는
호기심을 가지게 되었고, 이를 해결하기 위해 끊임없이 노력
했습니다.

결국 나는 실용적인 지식을 논증함으로써 이론으로 체계화
시켰습니다. 그리고 이론에서 얻어진 지식을 다시 실용적인
문제에 적용하는 그리스적인 학문 정신을 세우게 된 것입니
다. 이와 같은 방법으로 내가 발견한 수학적 사실들은 다음
과 같습니다.

① 두 직선이 만날 때 그 맞꼭지각은 서로 같다.

② 이등변삼각형의 두 밑각은 서로 같다.

③ 2개의 삼각형에 있어서 두 변의 길이와 그 끼인각이 같으면 두 삼각형은 합동이다.

④ 2개의 삼각형에 있어서 한 변의 길이와 양 끝각의 크기가 각각 같으면 두 삼각형은 합동이다.

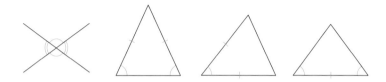

이러한 지식들은 '기하학'이라고 불리는, 하나의 체계적인 학문으로 만들어졌습니다. 내가 얻어낸 지식은 단순히 경험을 통한 것만은 아니었습니다. 그것을 하나의 체계로 정리함으로써 '증명'하는 데 성공한 것이지요.

그런데 왜 힘들게 '증명'을 하느냐고요? 내가 발견한 사실을 증명하려는 이유는 내 주장을 모든 사람들에게 납득시키기 위해서입니다. 무력이나 권력을 사용한다거나 얼렁뚱땅 자신의 경험만을 이야기해서는 나의 주장을 다른 사람들에게 설득시킬 수 없으니까요.

그럼 상대방의 동의를 얻기 위해서는 어떻게 해야 할까요? 먼저 사용하는 낱말의 뜻을 분명히 밝혀 서로가 같은 말을 다른 뜻으로 이해하는 일이 없도록 해야 합니다. 그리고 누구나 똑같이 인정하는 방법으로 조리 있게 따져 나가야 합니다. 이러한 방법이 바로 '증명'인 셈이지요. 그럼 지금부터 나와 연관된 일화를 몇 가지 소개하겠습니다.

나는 기원전 620년경, 그리스의 밀레토스에서 태어났습니다. 나는 어렸을 적부터 매우 총명하여, 소금을 파는 상점의 점원으로 일하게 되었습니다. 소금은 당시 매우 귀한 물건이었지요. 상점 주인도 내 영특함을 인정하여 소금을 배달하는 중요한 일을 맡기곤 했습니다.

그날도 상점 주인은 나에게 개울 건너에 있는 마을에 소금을 갖다 주고 오라고 했습니다. 나는 소금을 배달하기 위해 당나귀 등에 소금 가마니를 싣고 길을 떠났습니다. 한참을 가다 보니 개울이 나왔습니다. 나는 그 개울이 깊어 보이지 않아 그냥 건너기로 했습니다.

그러나 개울의 중간쯤 건넜을 때, 당나귀가 미끄러지면서 물에 빠지고 말았습니다. 그 바람에 당나귀 등에 실려 있던 소금이 모두 녹았지요. 소금이 녹자 당나귀의 등에 실려 있던 짐은 매우 가벼워졌습니다. 그 후로 당나귀는 개울을 건널 때마다 일부러 넘어지곤 했습니다. 물론 그때마다 나는 주인에게 꾸지람을 들어야 했습니다.

나는 당나귀가 잔꾀를 부린다는 것을 알아차리고는 소금 대신 솜을 잔뜩 싣고 출발했습니다. 아니나 다를까 개울 중간쯤 건넜을 때, 당나귀는 평소 하던 대로 발을 헛디디는 척하며 넘어졌습니다. 하지만 당나귀의 짐은 가벼워지기는커녕 솜이 물을 빨아들이는 바람에 몇 배나 더 무거워졌습니다. 결국 당나귀는 그 짐을 지고 가느라 혼이 났지요. 그다음부터는 당나귀가 잔꾀를 부려 개울에서 넘어지는 일이 없었습니다.

이솝은 사람들 사이에서 전해지던 나에 대한 이 이야기를 우화로 꾸며 후세 사람들에게 알렸습니다.

나는 어른이 된 후 그 가게에서 독립하여 어엿한 상인이 되었고, 소금과 기름을 팔기 위해 여러 나라를 돌아다녔지요. 그러던 중 매우 발달된 문물을 지니고 있던 이집트에 가게 되었습니다. 이집트의 사막에서 내가 목격한 것은 어마어마한 규모의 피라미드였습니다. 나는 피라미드를 본 순간 놀라움을 금치 못하며 2가지 의문에 사로잡혔습니다.

'쿠푸 왕의 피라미드는 그 높이가 얼마나 될까?'

'이 거센 사막의 바람에도 무너지지 않고 몇백 년을 버텨 온 피라미드의 비밀은 어디에 있을까?'

나는 쿠푸 왕 피라미드의 높이를 재기 위한 방법을 궁리하기 시작했습니다. 그러다 문득 내 그림자를 보게 되었고, 내 키가 그림자로 나타나는 것처럼 피라미드의 높이도 그림자로 나타난다는 사실을 알게 되었습니다. 즉, 태양이 비칠 때 그림자가 생기며 태양의 위치에 따라 그림자의 길이도 달라지고 있음을 발견한 것입니다.

결국 피라미드의 높이와 그것의 그림자 길이의 관계를 이용하여 그 높이를 구하면 되겠다고 생각하게 된 것입니다. 그래서 나는 1개의 막대기를 땅 위에 수직으로 세워 놓고 막대기의 길이, 막대기의 그림자 길이, 피라미드의 그림자 길이를 측정했습니다. 그러고는 이것을 이용하여 곧바로 피라미드의 높이를 알아냈습니다. 나의 빠른 계산은 주변 사람들을 놀라게 했지요.

나는 비례식을 사용하여 피라미드의 높이를 구했습니다.

(막대기의 높이) : (피라미드의 높이)

= (막대기의 그림자 길이) : (피라미드의 그림자 길이)

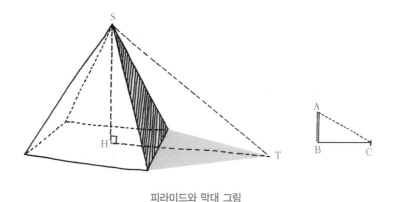

피라미드와 막대 그림

이러한 비례식이 성립하는 이유에 대해서는 삼각형의 닮음을 이해하면 알 수 있습니다.

이렇게 2개의 삼각형이 닮음조건을 만족하면 대칭점 사이에 일대일대응이 생기고, 대응하는 각의 크기는 항상 같습니다. 그래서 대응하는 길이의 비도 항상 일정하게 되는 것입

수학자의 비밀노트

삼각형의 닮음조건

모양은 같지만 크기가 다른 도형을 닮음이라고 한다. 이 중 삼각형은 다음의 조건 중 하나를 만족했을 때 닮음이다.

① 세 변의 길이의 비가 같을 때(SSS 닮음)

② 두 변의 길이의 비가 같고, 그 끼인각의 크기가 같을 때(SAS 닮음)

③ 두 쌍의 내각의 크기가 같을 때(AA 닮음)

니다.

따라서 앞 페이지의 그림을 보면 알 수 있듯이, 피라미드와 막대기의 그림자에 의해 만들어진 삼각형은 서로 닮은꼴이 되는 것입니다. 나는 이러한 닮은꼴 성질을 이용하여 비례식을 세울 수 있었고, 그것을 통해 피라미드 높이를 구할 수 있었습니다.

또한 나는 그 높은 피라미드가 안정성을 유지하는 비밀이 피라미드의 경사도에 있다는 사실도 알아냈습니다. 피라미드의 기울기를 조사해 보니 모두 51°였던 것입니다.

'그렇다면 왜 51°가 가장 안정된 기울기일까?'

나는 고심하지 않을 수 없었습니다. 나는 잘 건조된 가는 모래를 평평한 바닥 위에 조금씩 흘리면서 모래산이 점점

높이 쌓이는 모습을 관찰하였습니다. 그리고 이 모래산이 가장 높이 쌓였을 때의 기울기가 약 51°라는 사실을 알게 되었지요.

즉, 자연적으로 만들어진 형태가 가장 안정적이라는 사실을 확인한 것입니다. 피라미드의 설계자는 이 사실을 알고 그렇게 경사(기울기)를 정하였음에 틀림없습니다.

피라미드는 높이가 얼마일까? 무너지지 않고 몇백 년을 버텨온 피라미드의 비밀은 어디에 있을까?

아! 태양이 비칠 때 그림자가 생기고, 태양의 위치에 따라 그림자의 길이도 달라지는군! 이 사실을 이용하면 되겠어.

비례식으로 피라미드의 높이를 구할 수 있습니다.

아하!

(막대기의 높이) : (피라미드의 높이)
=(막대기의 그림자 길이) : (피라미드의 그림자 길이)

태양 위치에 따라 피라미드와 막대기의 그림자 길이의 비는 일정하므로 이 성질을 이용하여 비례식을 세울 수 있는 것이죠.

그래서 피라미드의 높이를 알 수 있군요.

또한 저는 저 높은 피라미드가 어떻게 안정성을 유지하는지 궁금해요.

그래요, 뭔가 비밀이 있을 것 같은데….

아하, 모래성이 가장 높이 쌓였을 때의 기울기가 약 51°예요. 즉, 피라미드는 가장 안정적인 각도로 만들어진 것이죠.

아하, 그렇군요.

이집트 인들은 왜 다각형의 넓이를 구하려 했을까?

고대 이집트 사람들이 다각형을 만들어 내고, 그 넓이를 구하려고
노력한 이유를 알아봅시다. 그리고 그것의 넓이를 구하는 방법은
어떻게 알아냈는지 공부해 봅시다.

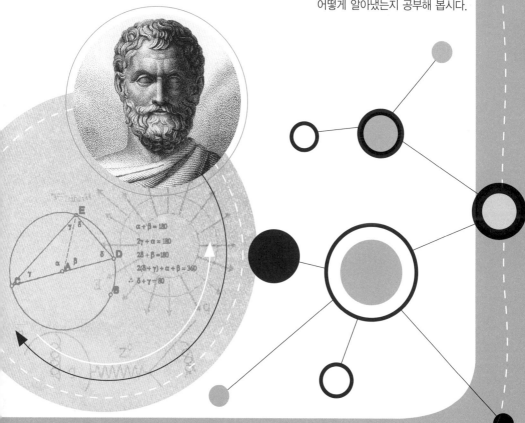

2

이집트 인들은
왜 다각형의
넓이를 구하려 했을까?

탈레스가 이번 시간의
수업 주제를 알려 주며
두 번째 수업을 시작했다.

이번 시간에는 이집트 사람들이 왜 다각형의 넓이를 구하고자 했는지 알아보겠습니다.

지금으로부터 약 4,000년 전, 아프리카 대륙의 북동쪽에 이집트라는 나라가 세워졌습니다. 이집트는 기후가 몹시 덥고 건조하여 사람이 살기에 그다지 좋은 곳이 아니었습니다. 하지만 이 나라에는 신의 선물이라고 할 만큼 이집트 인들에게 꼭 필요한 것이 있었습니다. 그것은 바로 이집트의 한가운데를 가로지르는 '나일 강'이었습니다. 이 강은 이집트 인에게 하늘이 내린 축복이었습니다.

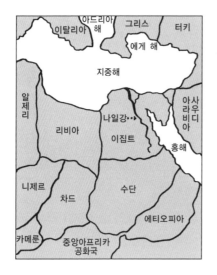

나일 강은 그들에게 풍부한 물과 비옥한 토지를 제공하였지만 1가지 문제점이 있었습니다. 해마다 큰 홍수가 난다는 것이었죠. 홍수는 상류의 기름진 흙을 날라 와 그들의 농사에 도움을 주기도 했지만 도움보다는 피해를 더 많이 주었습니다.

예로부터 어느 나라든 한 나라의 살림을 꾸려 가려면 예산이 필요합니다. 이러한 예산은 국민들로부터 거둬들인 세금으로 충당하였지요. 당시 이집트는 세금을 곡식으로 걷고 있었습니다. 그래서 토지의 측량에 자연스럽게 관심을 갖게 되었지요. 왜냐하면 땅의 크기에 따라 곡식의 수확량이 달라지기 때문입니다. 땅이 넓으면 곡식을 많이 수확할 수 있을 테고, 좁으면 그보다 수확량이 적어질 테니까요.

당시 이집트 사람들은 나일 강변의 기름진 땅에 농사를 지었습니다. 이것은 왕이 나누어 준 땅이었지요. 그들은 땅을 받는 대신에 한 해 농사가 끝나면 왕에게 자신이 농사지은

곡식을 세금으로 바쳐야 했습니다. 홍수가 나서 농작물이 피해를 입었을 경우에는 그 피해 정도를 신고하여 세금 감면 혜택을 받았지요.

하지만 이집트 인들에게는 골치 아픈 문제가 있었습니다. 홍수로 강이 범람하면 토지의 경계선이 없어진다는 것이었습니다. 그리고 그들에게는 기존에 자신들이 받은 토지의 넓이를 정확히 측정할 수 있는 계산법이 없었습니다.

그래서 홍수가 지나가고 나면 이집트 왕은 신하들에게 농토의 경계선을 본래대로 그을 수 있는 방법과 여러 형태의 토지 면적을 알 수 있는 방법을 찾아내도록 명령했습니다. 왜냐하면 세금을 제대로 걷지 못하면 나라의 살림을 제대로 꾸려 나갈 수 없기 때문입니다.

결국 도형을 연구하는 기하학은 세금을 걷기 위한 정치적 필요성에 의해 발달된 것입니다. 영어로 기하학을 뜻하는 'geometry'가 '토지'를 뜻하는 'geo'와 '측량하다'를 뜻하는 'metry'가 합쳐진 말이라는 사실만 보더라도 그 이유를 짐작할 수 있습니다.

그렇다면 다양한 모양의 땅은 그 넓이를 어떻게 구할 수 있었을까요? 지금부터 이집트 사람들이 여러 가지 모양의 토지를 어떻게 측정했는지 그 방법을 알아보도록 합시다.

우선 가장 기본적인 토지 모양은 정사각형과 직사각형입니다. 이집트 인들은 다음과 같은 모양의 토지의 넓이를 (가로의 길이) × (세로의 길이)로 구했는데, 이것은 오늘날 우리가 정사각형과 직사각형의 넓이를 구할 때 사용하는 방법과 같습니다.

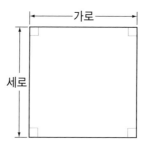

직사각형의 넓이 S는 S = ab로 나타낼 수 있습니다. 이는 변의 길이를 각각 a, b라고 했을 때 길이의 기본이 되는 단위가 각각 a개, b개씩 있다는 뜻입니다. 따라서 면적 S는 이 직사각형 속에 각 변의 길이가 1인 정사각형이 a × b개만큼 들어 있음을 뜻하는 것입니다.

(직사각형의 넓이)

= (가로) × (세로)

그렇다면 삼각형 모양의 토지는 그 넓이를 어떻게 구했을까요?

이집트에서는 삼각형 중에서도 직각삼각형을 가장 중요시하였습니다. 이는 피라미드와 같은 건축물을 지을 때, 직각을 이용해야 할 경우가 많았기 때문입니다.

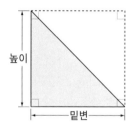

직각삼각형의 넓이는 여러분의 상상력을 조금만 발휘하면 쉽게 구할 수 있습니다. 위의 그림처럼 가상의 사각형을 생각해 보는 것입니다. 그러면 우리가 알고자 하는 삼각형의 넓이는 가상의 사각형 넓이의 절반이 됩니다. 따라서 직각삼각형의 넓이는 다음과 같이 구할 수 있습니다.

(직각삼각형의 넓이)

$= (사각형의 넓이) \times \dfrac{1}{2}$

$$= (밑변) \times (높이) \times \frac{1}{2}$$

　그렇다면 직각삼각형이 아닌 삼각형의 넓이는 또 어떻게 구했을까요? 이것 또한 직각삼각형과 같은 원리가 적용됩니다. 그 이유는 어떤 삼각형이 위의 직각삼각형과 밑변의 길이와 높이가 같다면, 그 삼각형의 면적 또한 이 직사각형 면적의 절반이 되기 때문입니다.

　그러면 평행사변형 모양의 토지는 넓이를 어떻게 구했을까요?

　평행사변형이란 서로 마주 보는 2쌍의 변이 각각 평행인 사각형을 말하는 것으로, 다음과 같은 방법으로 넓이를 구했다고 합니다.

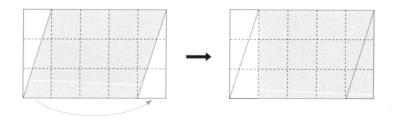

　그림에서 보듯이 왼쪽에 색칠된 부분의 삼각형 넓이는 오

른쪽 부분의 삼각형의 넓이와 같습니다. 그러므로 평행사변형의 넓이는 곧 직사각형의 넓이와 같은 것이지요.

(평행사변형의 넓이)
= (직사각형의 넓이)
= (가로) × (세로)
= (밑변) × (높이)

또 다른 방법으로 구해 볼까요?

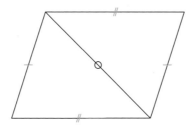

이번엔 평행사변형에 대각선을 그어 봅시다. 그럼 2개의 삼각형이 생기죠? 그런데 두 삼각형을 자세히 들여다보면 이 둘은 합동이 됩니다. 그 이유는 대응하는 세 변의 길이가 같기 때문입니다. 따라서 하나의 삼각형의 넓이를 구한 후 그 값에 2배를 해 주면 평행사변형의 넓이가 되는 것입니다.

(평행사변형의 넓이)

= (삼각형의 넓이) × 2

= (밑변) × (높이) × $\frac{1}{2}$ × 2

= (밑변) × (높이)

이렇게 수학에서는 똑같은 상황이라도 어떻게 생각하느냐
에 따라 다양한 방법이 제시됩니다.

이번에는 사다리꼴 모양의 넓이를 구해 볼까요?

이집트 인들은 사다리꼴도 삼각형과 마찬가지로 높이가 밑
변에 수직인 모양을 중심으로 연구했습니다.

이집트에서는 이러한 사다리꼴의 넓이를 '윗변의 길이와

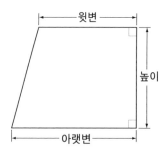

아랫변의 길이를 서로 더하고, 이것을 반으로 나눈 다음에 높이를 곱하는 방법'으로 구했습니다.

그런데 왜 윗변의 길이와 아랫변의 길이를 더한 후 이것을 반으로 나눴을까요?

다음 그림에서 사다리꼴 ABCD의 선분 AB를 이등분하는 선분 EG를 그어 보면 삼각형 AEF와 삼각형 BGF가 생깁니다. 그런데 이 두 삼각형은 모양과 크기가 모두 같아 합동이기 때문에 사다리꼴 ABCD와 직사각형 EGCD는 넓이가 같은 것입니다.

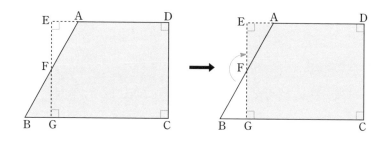

이때 오른쪽 직사각형의 가로의 길이는 사다리꼴의 윗변과 아랫변의 길이를 더한 후 반으로 나눈 값이 됩니다. 그리고 직사각형의 세로의 길이와 사다리꼴의 높이가 같으므로 정리해 보면 사다리꼴의 넓이 구하는 공식은 다음과 같습니다.

(사다리꼴의 넓이)

$= \{(윗변) + (아랫변)\} \times \dfrac{1}{2} \times (높이)$

그리고 위의 그림과 같은 일반적인 사다리꼴 모양의 토지도 앞에서 살펴본 것과 같은 모양으로 나누어지기 때문에 동일한 원리를 적용하여 넓이를 구할 수 있습니다.

마지막으로 마름모 모양의 토지는 그 넓이를 어떻게 구했을까요?

마름모란 네 변의 길이가 같은 사각형을 말합니다.

마름모의 넓이는 두 대각선을 가로와 세로로 하는 직사각형 넓이의 반이 됩니다. 즉, 색칠된 부분과 색칠하지 않은 부분의 넓이가 똑같은 것이죠.

따라서 마름모의 넓이는 다음과 같이 구할 수 있습니다.

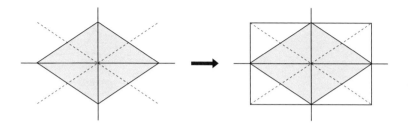

(마름모의 넓이)

= (직사각형의 넓이) $\times \dfrac{1}{2}$

= (가로) $\times$ (세로) $\times \dfrac{1}{2}$

= (한 대각선) $\times$ (다른 한 대각선) $\times \dfrac{1}{2}$

나일 강이 범람한다. 어서 피해!

아, 내 땅…, 내 농작물….

홍수로 모든 토지의 경계선이 없어졌습니다.

농토의 경계선을 본래대로 그을 수 있는 방법과 여러 형태의 토지 면적을 알 수 있는 방법을 찾아내도록 하라!

제 땅은 이렇게 생겼습니다.

이 땅은 직사각형 모양이므로 넓이는 (가로)×(세로)로 구하면 됩니다.

세로

가로

제 땅은 이렇게 생겼습니다.

이 땅은 직각삼각형이군요. 직각삼각형은 직사각형의 반이니까 (직사각형의 넓이)×$\frac{1}{2}$로 구하면 되겠군요.

높이

밑변

제 땅은 이렇게 생겼습니다.

흠, 평행사변형 모양이군요. 평행사변형의 일부를 옮기면 직사각형이 되니까, (밑변)×(높이)로 구하면 됩니다.

결국 기하학은 세금을 걷기 위해서 발전하는군요.

기하학을 뜻하는 'geometry'가 '토지'를 뜻하는 'geo'와 '측량하다'를 뜻하는 'metry'가 합쳐진 말 아닙니까!

평면도형의 기본 요소

도형은 현실의 물체로부터 대부분의 성질을 버리고
모양과 크기만을 대상으로 한 것입니다.
평면도형을 이루는 3가지 요소인 점, 선, 면에 대해 알아봅시다.

3

세 번째 수업

평면도형의 기본 요소

탈레스는 우리 주변의
물건들을 보여 주며
세 번째 수업을 시작했다.

오늘은 평면도형의 기본 성질에 대한 수업을 하겠습니다.

도형은 우리 주변에 있는 다양한 물체의 모양과 크기만을
대상으로 하는 것을 말합니다. 예를 들어, 수학 교과서의 모
양만을 생각한다면 우리는 금세 직사각형을 떠올릴 수 있습
니다. 그렇다면 직사각형은 도형이라 말할 수 있지요. 또한
수학 교과서에서 길이만을 생각한다면 선분을 생각할 수 있
으므로 선분도 도형입니다. 두 선분의 벌어진 크기 또한 생
각할 수 있으므로 각도 역시 도형이라 할 수 있습니다. 그리
고 점은 특수한 도형으로 취급하고 있지요.

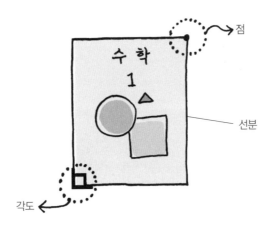

점

선분

각도

직사각형 모양의 수학책

　오른쪽 페이지의 표는 일상생활의 물건들로부터 도형, 즉 기하학적인 모양을 추상한 것입니다. 이를 통해 학교에서 배우는 도형들이 우리의 생활과 동떨어진 별개의 것이 아니라는 것을 알 수 있습니다.

　어때요, 여러분도 오른쪽 표의 물건들을 보고 나와 같은 추상을 하였나요? 다른 의견이 있는지 친구들과 의견을 나눠보는 것도 좋은 활동이 될 수 있습니다. 이 밖에도 다른 물건에서 여러 가지 도형을 추상해 봅시다.

　이렇게 평면도형을 이루는 기본 요소에는 3가지가 있습니다. 바로 점, 선, 면입니다. 아무리 복잡한 기하학적 개념들이라도 이 3가지 요소로부터 출발한 것이지요.

물건	추상
국기 게양대	직각(수직인 선분)
양보 교통 표시기	삼각형
가위가 벌어진 상태	각
횡단보도	평행선
출입문	직사각형
계단	평행사변형
다이아몬드	마름모
물컵	사다리꼴

점(point)

유클리드의 기하학 원론에서는 점을 '위치만 있고 부분이 없는 것'이라고 정의하고 있습니다. 점은 기하학에서 가장 기본이 되는 단위로, 공간에서 위치를 나타냅니다. 흔히 점을 1차원이라고 생각하는 사람들이 있으나 점은 차원이 없습니다.

예를 들어, 얼굴에 검은 점이 있는 사람이 있다고 합시다. 우리는 그 사람 얼굴에 점이 있다고 쉽게 얘기합니다. 하지만 엄밀히 말하면 그 사람의 얼굴에 있는 점은 점이 아니라 검은 원이라고 해야 할 것입니다. 왜냐하면 우리 얼굴에 있는 점을 자세히 들여다보면 넓이가 있는 원 모양을 하고 있기 때문입니다.

즉, 점은 위치만 있고 부분이 없어야 하므로 넓이가 있는 얼굴의 점은 사실 점이라고 부를 수 없는 것이죠. 그렇다면 과연 부분(넓이)은 없고 위치만 존재하는 점이 우리 현실에 존재할까요?

절대 존재할 수 없습니다. 점이 찍히는 순간, 그것은 이미 부분을 차지하게 되기 때문이죠. 그렇기 때문에 부분은 없고 위치만 있는 점은 우리의 머릿속에서만 존재하는 추상적인 개념인 것입니다.

선(line)

유클리드의 기하학 원론에서는 선을 '폭은 없고 길이만 있는 것'이라고 정의하고 있습니다. 직선은 반듯하게 배열된 수많은 점들로 구성되어 있으며 두께가 없고 두 방향으로 한없이 뻗어 나갑니다.

직선은 하나의 소문자로 이름을 붙이거나 직선 위의 두 점을 이용하여 이름을 붙입니다. 즉, 아래 직선은 l 또는 $\overleftrightarrow{AB}$로 표시할 수 있습니다.

직선은 임의의 두 점으로 결정됩니다. 따라서 점 A, B는 $\overleftrightarrow{AB}$의 원소이고, 점 A와 점 B는 직선 l에 포함되는 것입니다.

점이 직선에 포함되는 상황을 설명할 때는 다음과 같이 표현합니다.

① 포함한다.
② 속한다.
③ 위에 있다.

④ 사이에 있다.

　예를 들어 다음 그림에서 직선 *l*은 점 A, B, C를 포함하지만 점 D는 포함하지 않는다고 말할 수 있습니다. 또한 점 A, B, C는 같은 직선 위에 있다고 말하며, 점 B는 점 A와 점 C 사이에 있으므로 A−B−C라고 표시합니다.

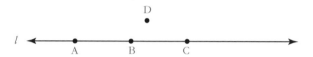

　꼭 수학 시간이 아니더라도 우리는 많은 선을 그립니다. 선을 따라 달리기도 하고 고속도로에 그어진 많은 선들을 보기도 합니다.

　그러나 유클리드가 말하는 폭이 없고 길이만 존재하는 선은 어디에서도 찾아볼 수가 없습니다. 아무리 심이 가는 연필로 선을 긋는다 하더라도 그 선에는 굵기(폭)가 있으니까요. 따라서 인간의 능력으로는 폭이 없는 선을 그을 수 없는 것입니다.

　결국 선도 점과 마찬가지로 우리의 머릿속에서만 존재하는 추상적인 도형인 셈입니다.

면(plane)

책상의 면이나 방바닥, 천장, 벽 등을 보통 면으로 생각합니다. 그러나 면은 2차원 공간에서 끝없이 확장되기 때문에 우리가 주변에서 쉽게 보는 면들은 평면의 부분집합일 뿐입니다. 두 점이 하나의 직선을 결정하듯이, 같은 직선 위에 있지 않는 세 점은 하나의 평면을 결정합니다. 즉, 같은 평면에 속하는 점들은 같은 평면의 점입니다.

아래의 그림에서 점 A, B, C는 같은 평면의 점이지만 점 D는 같은 평면의 점이 아닙니다.

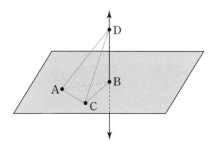

다음 페이지의 그림을 보며 점들이 모여 평면을 이루는 상황을 상상해 보세요. 직사각형 안에 있는 점들의 사이가 좀더 가깝게 있기 위하여, 더 많은 점들을 상상해 보세요. 더 나아가 공간(사이)이 없는 점들도 상상해 봅시다. 이번에는 면에서 점들이 모든 방향으로 확장되는 것을 상상해 보세요.
무한히 큰 평평한 표면이 바로 면입니다.

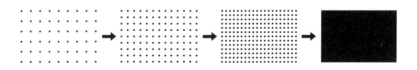

수학자의 비밀노트

직선의 결정조건

① 서로 다른 두 점은 오직 하나의 직선을 결정한다.

② 서로 만나는 두 평면은 단 하나의 직선을 결정한다.

평면의 결정조건

다음과 같은 경우에 평면은 하나로 결정된다.

① 한 직선 위에 있지 않은 서로 다른 세 점

② 한 직선과 그 직선 밖의 한 점

③ 한 점에서 만나는 두 직선

④ 평행한 두 직선

평면도형을 이루는 기본 요소는 무엇일까요?

점, 선, 면입니다.

맞아요. 그럼 먼저 점에 대해서 알아볼까요? 유클리드의 《원론》에서는 점을 '위치만 있고 부분이 없는 것'이라고 정의하고 있지요.

미애 얼굴에도 점이 있어요.

이 점은 그 점과 다른 거야.

사람 얼굴에 있는 점은 검은 원이라고 해야 해요. 왜냐하면 우리 얼굴에 있는 점을 자세히 들여다보면 넓이가 있는 원 모양을 하고 있기 때문이지요.

아, 그렇군요.

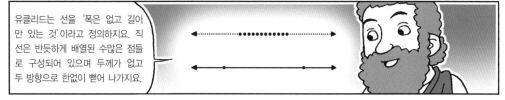

유클리드는 선을 '폭은 없고 길이만 있는 것'이라고 정의하지요. 직선은 반듯하게 배열된 수많은 점들로 구성되어 있으며 두께가 없고 두 방향으로 한없이 뻗어 나가지요.

점들이 모여 면을 이루는 상황을 상상해 보세요. 점들의 사이가 점점 더 가깝게 있기 위하여, 더 많은 점들을 상상해 보세요.

더 나아가 공간이 없는 점들도 상상해 보세요. 점들이 모든 방향으로 확장되어 무한히 큰 평평한 표면이 바로 면입니다.

아, 그렇군요.

4 각

고대 바빌로니아 사람들은 원을 360등분하여
그 하나의 각도를 1°라고 했습니다.
바빌로니아 사람들이 각을 어떻게 발전시켰는지 알아봅시다.

네 번째 수업

각

탈레스는 각에 대한 이야기로
네 번째 수업을 시작했다,

오늘은 한 점 O에서 시작한 두 반직선 $\overrightarrow{OA}$, $\overrightarrow{OB}$로 이루어

지는 각에 대해서 수업하겠습니다.

고대 바빌로니아 사람들은 오랫동안 태양을 관찰한 결과,

태양이 매일 조금씩 이동하여 처음의 자리로 되돌아오는 데

360일이 걸린다는 사실을 알아냈습니다. 그들은 이러한 사실

을 토대로 원의 각도를 360°라 정하였고 이 원을 360등분하

여 그 하나를 1°라 하였습니다.

1634년 헤리곤(Herihone)이라는 사람이 '각'이라는 개념

을 최초로 사용하였고, 1923년이 되어서야 미국수학협회에

서 각에 대한 표준 기호로 '∠'을 추천하였습니다. 그리고 각
에 대한 개념을 좀 더 정확히 하기 위해 각의 크기를 다음과
같이 정의하였습니다.

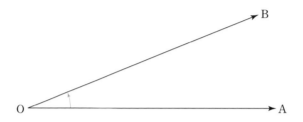

즉, 점 O를 중심으로 $\overrightarrow{OA}$가 $\overrightarrow{OB}$까지 회전한 크기를 ∠
AOB라고 정하였죠.

그리고 바빌로니아 사람들은 각을 측정하기 위하여 360°를
사용한 것을 기념하기 위해 그들이 사용했던 60진법을 이용
하였습니다. 즉, 1도를 60등분한 것의 하나를 1분이라 부르
고, 1분을 60등분한 것의 하나를 1초라고 했습니다. 예를 들
면, 29도 47분 13초를 29° 47' 13"라고 쓰는 것이죠.

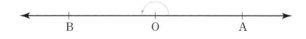

그리고 위 그림과 같이 ∠AOB의 두 변 OA, OB가 일직선
을 이룰 때의 각을 평각이라고 하며, 평각의 반을 직각이라

고 합니다. 보통 직각은 기호 ∠R로 나타냅니다. 우리 주변에서 직각을 이루고 있는 물건이나 대상을 찾아보면 그런 것들이 너무도 많다는 사실에 놀랄 것입니다.

그리고 각의 크기가 0°보다 크고 90°보다 작으면 예각이라하고, 90°보다 크고 180°보다 작으면 둔각이라고 합니다. 이를 다시 정리해 보면 다음과 같습니다.

① 0°보다 크고 90°보다 작으면 예각 (0°<(예각)<90°)

② 90°는 직각 (90°=(직각)=∠R)

③ 90°보다 크고 180°보다 작으면 둔각 (90°<(둔각)<180°)

④ 180°는 평각 (180°=(평각))

두 직선이 만나는 교점의 둘레에는 4개의 각이 생깁니다. 그중에서 ∠a와 ∠c 그리고 ∠b와 ∠d처럼 서로 마주 보는 각이 생기게 되는데, 이를 맞꼭지각이라 부릅니다.

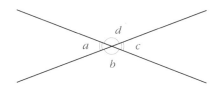

그럼 맞꼭지각은 왜 서로 크기가 같을까요?

∠a와 ∠b를 더하면 평각이 되므로 180°가 됩니다. ∠b와
∠c를 더해도 180°가 되네요. 이를 2개의 식으로 나타내어
봅시다.

$$∠a + ∠b = 180° ~~\cdots\cdots~~ ①$$
$$∠b + ∠c = 180° ~~\cdots\cdots~~ ②$$

식 ①에서 ∠a = 180 − ∠b이고, 식 ②에서 ∠c = 180 − ∠b
입니다. 따라서 ∠a와 ∠c의 크기가 서로 같네요. 따라서 우리
는 맞꼭지각의 크기가 서로 같음을 알 수 있습니다.

이번엔 평행한 두 직선이 다른 한 직선과 만날 때 생기는
각에 대해 알아봅시다.

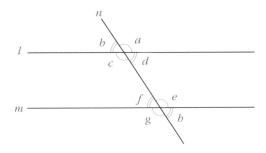

위 그림은 직선 l과 직선 m이 다른 한 직선 n과 만나서 생
기는 여러 각을 나타낸 것입니다. 이때 ∠a와 ∠e, ∠b와 ∠

f, $\angle c$와 $\angle g$, $\angle d$와 $\angle b$처럼 같은 위치에 있는 두 각을 서로 동위각이라 합니다. 같은 방향을 향하고 있다는 의미를 담고 있는 동위각은 직선 l과 m이 평행할 때, 서로 크기가 같습니다.

또한 $\angle c$와 $\angle e$ 그리고 $\angle d$와 $\angle f$의 위치 관계에 있는 두 각을 서로 엇각이라고 하는데, 일반적으로 두 직선과 한 직선이 만날 때 두 직선이 평행하면 동위각뿐만 아니라 엇각도 서로 크기가 같습니다. 결국 동위각의 크기가 같거나 엇각의 크기가 같으면 두 직선이 평행하다는 것을 알 수 있는 셈이지요.

그런데 두 직선이 평행하다는 것은 두 직선을 한없이 연장해 나가도 서로 결코 만나지 않는다는 의미입니다. 그래서 엇각이나 동위각이 같다는 사실만으로도 두 직선이 평행한다는 것을 쉽게 알 수 있지요. 평행하는 두 직선의 성질을 엇각이 같다는 사실만으로 확인할 수 있게 해 준 유클리드의 기하학을 칭찬하지 않을 수 없습니다.

다각형

다각형을 형성하는 조건은 무엇이며, 다각형의 종류에는 어떤 것들이 있는지,
그리고 대각선의 정확한 의미는 무엇인지 알아봅시다.

5

다섯 번째 수업

다각형

탈레스는 여러 가지 도형을 그리며
다섯 번째 수업을 시작했다.

오늘은 다각형에 대해 알아봅시다.

우선 연필을 종이에서 떼지 않고, 지나간 길을 다시 따라가지 않는다는 조건 하에 길을 그린다고 상상해 보세요. 길을 종이 위에다 그린다는 것은 공간을 평면으로 제한하는 것이고, 연필을 종이에서 떼지 않는 것은 그림이 끊어지지 않고 쭉 이어지는 것을 의미합니다.

다음 페이지에 나오는 그림은 각 선이 평면 위에 있고 같은 점에서 출발하여 같은 점에서 끝나는, 즉 연결되어 있다는 것을 보여 줍니다. 이러한 곡선들을 폐곡선이라고 부릅니다.

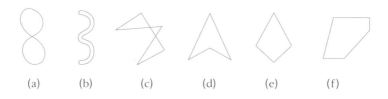

|(a)|(b)|(c)|(d)|(e)|(f)|

그런데 폐곡선을 자세히 살펴보면 (a)와 (c)는 자신이 지나 갔던 점과 만나는데 (b), (d), (e), (f)는 그렇지 않습니다.

이렇게 폐곡선 중에서 자신과 만나지 않는 폐곡선을 단순 폐곡선이라고 합니다. 다음 그림은 단순 폐곡선들을 그린 것 입니다.

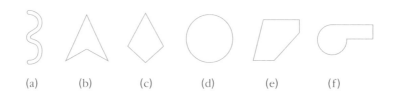

|(a)|(b)|(c)|(d)|(e)|(f)|

그런데 위의 그림 중 (b), (c), (e)는 완전히 선분으로만 이 루어졌으므로 이들은 단순 폐곡선 중에서도 다각형 곡선이 라고 하며, 이를 줄여 다각형이라고 합니다.

다각형을 형성하는 것은 선분인데, 이것을 다각형의 변이 라고 하며, 두 변이 만나는 점을 다각형의 꼭짓점이라고 합 니다. 모든 다각형은 평면을 세 부분으로 분리하는데 다각형의 내부와 다각형의 외부, 그리고 단순 폐곡선 자신입니다.
그리고 다각형 자신과 다각형의 내부를 통틀어 다각형 영역
이라고 합니다.

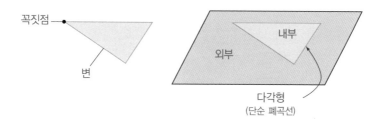

다각형에는 2가지 종류가 있습니다. 다음 그림을 보세요,

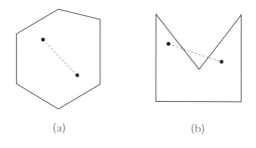

(a)   (b)

다각형 (a)는 톱니 모양이 없는 데 반하여 다각형 (b)는 톱
니 모양이 있습니다. 이처럼 톱니 모양이 없는 다각형 (a)를
볼록 다각형이라 하고, 톱니 모양이 있는 다각형 (b)를 오목
다각형이라고 합니다.
　볼록 다각형과 오목 다각형을 구분하는 기준은 다각형 내

부 영역에서 임의의 두 점을 연결한 선분이 다각형 영역 안에 완전히 놓이느냐 아니냐의 차이입니다. 완전히 놓이면 볼록 다각형이고, 완전히 놓이지 않으면 오목 다각형이지요.

따라서 다음 도형들을 볼록 다각형과 오목 다각형으로 구분하여 이름 지어 보면 다음과 같습니다.

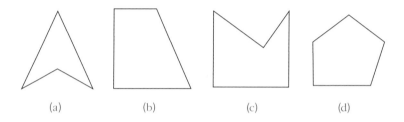

| (a) | (b) | (c) | (d) |

도형 (a) — 오목 사각형

도형 (b) — 볼록 사각형

도형 (c) — 오목 오각형

도형 (d) — 볼록 오각형

그리고 다각형은 꼭짓점들을 대문자로 지정한 후, 그것들을 나열하여 나타낼 수 있습니다. 예를 들면, 오른쪽 페이지의 그림 (a)는 사각형 ABCD로 부를 수 있습니다. 그리고 꼭짓점 A와 B는 연속한 꼭짓점이라 하고, A와 C는 연속하지 않은 꼭짓점이라 합니다. 또한 다각형에서는 연속하지 않은 꼭짓점을 연결한 임의의 선분을 대각선이라고 합니다.

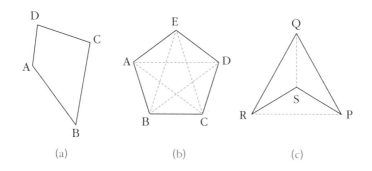

(a)　　　　　　　(b)　　　　　　　(c)

　그림 (b)에서 선분 $\overline{AC}$, $\overline{AD}$, $\overline{BD}$, $\overline{BE}$, $\overline{CE}$는 오각형 ABCDE의 대각선이며, 그림 (c)에서 선분 $\overline{QS}$와 $\overline{PR}$은 사각형 PQRS의 대각선입니다.

　그런데 그림 (b)는 대각선이 오각형 내부 영역에 모두 놓이므로 볼록 오각형이고, 그림 (c)는 대각선이 사각형 외부 영역에 놓이는 것이 있으므로 오목 사각형인 것입니다.

　오늘날과 같은 현대 산업 사회에서는 크기와 모양이 같은 물건, 즉 합동인 물건을 대량으로 생산해 냅니다. 예를 들어 자동차 회사에서 같은 종류의 차를 만들 경우, 여기에 사용되는 부품뿐만 아니라 차의 모양과 크기, 그리고 이 차에 대한 설명서 등 모든 사항이 다 똑같습니다.

우리는 수학에서 합동인 도형을 이야기할 때, 대부분의 경우 평면도형에서 논의합니다. 예를 들어, 두 선분이 합동이 되려면 같은 길이를 가지면 됩니다. 같은 길이를 갖는다는 것은 한 선분이 다른 선분 위에 꼭 맞춰질 수 있다는 것을 뜻합니다. 만일 $\overline{AB}$가 $\overline{CD}$와 합동이 되면 $\overline{AB} \equiv \overline{CD}$라고 표기하면 됩니다. 기호 $\equiv$는 '~와 합동이다'라는 의미이지요. 이때 두 선분이 같은 길이를 가졌다면 합동인 변을 등변이라 하고, 두 선분이 같은 각을 가졌다면 하나의 각이 다른 각에 완전히 포개어지므로 등각이라고 합니다.

모든 각이 합동이고 모든 변이 합동인 다각형을 정다각형이라 하는데, 이때 정다각형은 등각과 등변을 가지게 됩니다. 다음 그림은 정오각형과 정육각형입니다. 합동인 변과 각은 각각 같은 모양으로 표시하였습니다.

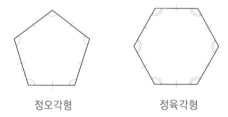

정오각형   정육각형

오늘은 다각형에 대해 알아볼까요?

네, 좋아요!

선분으로만 둘러싸인 도형을 다각형이라고 합니다. 그럼 다음 중 다각형을 골라 보세요.

a, b, c, d예요.

맞아요, 잘했습니다.

그런데 뭔가 모양이 다른 것 같아요.

다각형이 그냥 다각형이지 뭐가 달라….

관찰력이 뛰어나군요. 두 다각형은 내부 영역에서 임의의 두 점을 연결한 선분이 다각형 영역 안에 완전히 놓이느냐 아니냐의 차이가 있어요.

볼록 사각형 (c)

오목 육각형 (d)

자, 그럼 나머지 다각형에도 이름을 붙여 볼까요?

(a)는 오목 사각형, (b)는 볼록 삼각형입니다.

삼각형, 사각형이라고 부르던 다각형이 전부가 아니었군요.

(a)

(b)

또한 이웃하지 않은 꼭짓점을 연결한 선분을 대각선이라고 하는데, 오목 다각형에는 대각선이 다각형 외부에 있을 수도 있답니다.

볼록 사각형   오목 사각형

6

삼각형과 사각형

도형 중에서 가장 기본이 되는 삼각형이 만들어질 수 있는 조건과
여러 가지 사각형의 포함 관계에 대해 알아봅시다.

6

여섯 번째 수업

삼각형과 사각형

탈레스는 다각형의 기본인
삼각형에 대한 설명으로
여섯 번째 수업을 시작했다.

　오늘은 도형 중에서 가장 기본이 되는 삼각형과 사각형에
대하여 알아보겠습니다.

　우리는 흔히 3개의 선분으로 둘러싸인 도형을 삼각형이라
고 합니다. 그럼 다음 그림에 있는 3개의 선분으로 삼각형을
만들어 봅시다.

───────── 3cm

───────────── 5cm

──────────────────── 10cm

하지만 주어진 3개의 선분으로는 삼각형이 만들어지지 않는다는 사실을 알 수 있습니다. 삼각형이 되려면 5cm짜리 선분이 7cm가 넘든지 아니면 3cm짜리 선분이 5cm가 넘어야 합니다.

다시 말해 짧은 2개의 선분의 길이를 합한 것이 가장 긴 선분의 길이보다 길어야 삼각형이 만들어질 수 있는 것입니다. 따라서 세 선분이 삼각형을 이루기 위해서는 어떤 두 선분의 길이의 합도 나머지 한 변의 길이보다 길어야 합니다.

그럼 이번에는 3cm, 5cm인 두 선분과 한 각이 30°인 삼각형을 그려 보세요.

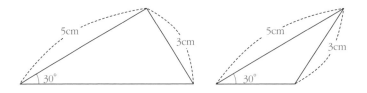

위의 그림은 같은 위치에 두 선분과 한 각을 두었지만 서로 다른 삼각형이 만들어진 경우입니다. 단순히 '두 변과 한 각'이 있다고 해서 하나의 삼각형이 결정되는 것은 아니라는 사실을 알 수 있습니다.

그렇다면 두 선분과 한 각을 이용하여 하나의 삼각형을 만

들려면 어떻게 해야 할까요? 다음 그림처럼 주어진 한 각을
두 변 사이에 놓으면 삼각형은 오직 하나로 결정됩니다.

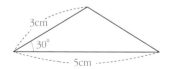

그럼 이번에는 한 변과 두 각이 주어진 경우는 어떨까요? 한
변이 5cm이고 두 각이 50°와 60°인 삼각형을 그려 보세요.

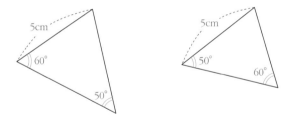

위의 두 삼각형도 서로 모양이 같지 않다는 것을 확인할 수
있습니다. '한 변과 두 각'이 있다고 해서 삼각형이 하나의 형
태로 결정되는 것은 역시 아니네요. 그렇다면 한 변과 두 각
으로는 하나의 삼각형을 만들 수 없을까요?

다음 페이지의 그림처럼 두 각을 주어진 한 변의 양쪽에 배
치해 보세요. 삼각형은 오직 하나로 결정됩니다.

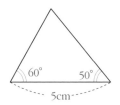

이번에는 세 각 30°, 60°, 90°가 주어져 있습니다. 이 세 각을 가지고 삼각형을 그려 보면 다음에서 보는 것과 같이 무수히 많은 삼각형이 그려진다는 사실을 확인할 수 있습니다. 즉, 세 각이 주어졌을 때에는 삼각형이 하나로 결정되지 않는다는 것을 알 수 있습니다.

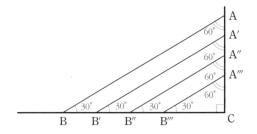

그러므로 삼각형은 아래의 3개의 조건 중 하나만 충족되면 하나의 형태로 결정됩니다. 이를 삼각형의 결정조건이라고 하지요.

① 세 변이 주어졌을 때

② 두 변과 끼인 각이 주어졌을 때

③ 한 변과 그 양 끝각이 주어졌을 때

이번에는 삼각형 중에서 좀 특이한 형태인 이등변삼각형에 대하여 공부해 보겠습니다. 우리는 두 변의 길이가 같은 삼각형을 이등변삼각형이라고 부릅니다. 이등변삼각형은 두 밑각의 크기가 같지요. 거꾸로 두 밑각의 크기가 같으면 그 삼각형은 이등변삼각형이 되는 것입니다.

그렇다면 두 밑각의 크기가 같은 게 이등변삼각형일까요? 아니면 두 변의 길이가 같은 것이 이등변삼각형일까요? 수학은 정의에서 출발하는 학문이니만큼 정의를 분명히 해야겠지요.

이등변삼각형의 정의는 '두 변의 길이가 같은 삼각형'입니다. 이렇게 정의했을 때 얻을 수 있는 지식, 즉 두 밑각의 크기가 같다거나 꼭지각의 이등분선이 밑변을 수직이등분한다는 것 등은 이등변삼각형의 성질인 것입니다.

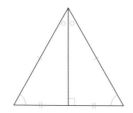

이렇게 봤을 때 우리는 수학 공부를 하면서 각각의 도형에 대한 정의와 그것이 지닌 성질을 구분해야겠네요.

플라톤(Platon)은 직선으로 둘러싸인 면은 모두 삼각형으로 분해할 수 있기 때문에, 삼각형이 가장 기본적인 도형이라고 하였습니다. 실제로 다각형 중에서 삼각형이 가장 간단합니다. 삼각형에서 변의 개수를 하나 더 늘리면 사각형이 되는데, 사각형은 삼각형에 비해 훨씬 복잡합니다.

삼각형과 사각형에 대해 얼핏 생각해 보면 선분의 개수가 3개에서 4개로 바뀐 것뿐이지만, 사실은 엄청난 차이가 있습니다. 그중 몇 가지만 살펴볼까요?

첫째, 삼각형은 세 변의 길이를 정하면 하나의 삼각형으로 고정되어 움직이지 않습니다. 하지만 사각형은 네 변의 길이가 정해져도 여러 가지 모양으로 바뀔 수 있습니다.

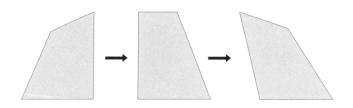

둘째, 삼각형에는 오목한 것이 없으나 사각형에는 오목한 형태가 있습니다. 즉, 삼각형은 볼록 삼각형뿐이지만 사각형

(a) 삼각형　　　　(b) 오목 사각형　　　　(c) 볼록 사각형

은 볼록 사각형과 오목 사각형이 모두 있습니다.

이처럼 4개의 선분으로 둘러싸인 도형을 사각형이라고 합니다. 그럼 사각형의 특수한 모양들에 대하여 공부해 보겠습니다.

먼저 일반적인 형태의 사각형을 가지고 마주 보는 1쌍의 변을 평행하게 하면 사다리꼴이 됩니다. 그리고 나머지 한 쌍의 변도 평행하게 하면 평행사변형이 되지요. 네 각의 크기를 모두 같게 하면 직사각형이, 네 변의 길이를 모두 같게 하면 마름모가 됩니다. 그리고 네 변의 길이와 네 각의 크기를 모두 같게 만들면 정사각형이 되는 것이지요.

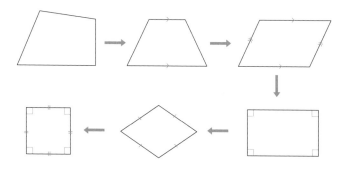

그럼 각각의 사각형들에 대한 정의를 다시 한번 정리해 볼 까요?

사다리꼴 : 마주 보는 1쌍의 변이 서로 평행인 사각형

평행사변형 : 마주 보는 2쌍의 변이 각각 평행인 사각형

직사각형 : 네 각의 크기가 모두 같은 사각형

마름모 : 네 변의 길이가 모두 같은 사각형

정사각형 : 네 각의 크기, 네 변의 길이가 각각 모두 같은 사각형

수학자의 비밀노트

사각형의 포함 관계

벤 다이어그램은 집합들 사이의 관계를 도식화한 것이다. 여러 가지 사각형의 포함 관계를 벤 다이어그램으로 나타내면 다음과 같다.

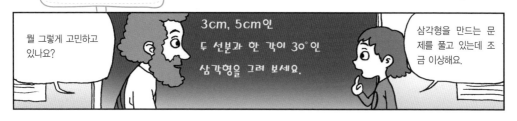

뭘 그렇게 고민하고 있나요?

3cm, 5cm인 두 선분과 한 각이 30°인 삼각형을 그려 보세요.

삼각형을 만드는 문제를 풀고 있는데 조금 이상해요.

두 변과 한 각이 있으면 삼각형을 그릴 수 있는데, 자꾸 다른 2개의 삼각형이 그려져요.

두 변과 한 각이 있다고 해서 하나의 삼각형이 결정되는 것은 아니에요.

그렇다면 두 변과 한 각을 이용하여 하나의 삼각형을 만들려면 어떻게 해야 하나요?

주어진 한 각이 두 변 사이에 끼인각이라는 조건이 있으면 가능해요.

정말 그렇군요. 그럼 한 변과 두 각이 주어진 경우는 어떤가요?

한 변이 5cm이고 두 각이 50°와 60°인 삼각형을 그려 보세요.

이때는 두 각이 주어진 한 변의 양 끝각이라는 조건이 있을 때, 삼각형이 오직 하나로 결정되지요.

와, 정말이네요.

이렇게 삼각형이 오직 하나로 결정되는 삼각형의 결정조건이 있어요.

어떤 것이죠?

여기 3개의 조건 중 하나가 충족되면 하나의 삼각형이 결정됩니다.

1. 세 변이 주어졌을 때
2. 두 변과 끼인각이 주어졌을 때
3. 한 변과 양 끝각이 주어졌을 때

다각형의 내각과 외각

삼각형의 내각의 합이 $180°$가 된다는 사실을 여러 가지 방법으로 증명해 보고,
다각형의 내각과 외각의 관계에 대해 알아봅시다.

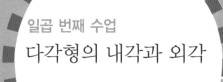

일곱 번째 수업

다각형의 내각과 외각

탈레스는 2개의
다른 삼각자를 들고
일곱 번째 수업을 시작했다.

오늘은 다각형의 내각과 외각에 대해 알아봅시다.

먼저 다음 그림에 있는 2개의 삼각자를 살펴보고, 삼각자 2
개의 각을 모두 각도기로 재어 표로 만들어 봅시다.

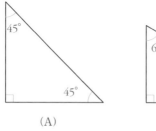

(A)

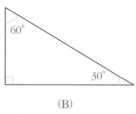

(B)

각	삼각형 A	삼각형 B
1	45°	60°
2	90°	90°
3	45°	30°
합계	180°	180°

만약 각도기가 없다면 삼각형의 세 각의 합이 180°가 되는 것을 어떻게 알 수 있을까요? 우선 삼각형 모양의 종이를 만듭니다. 그런 다음 세 각은 그냥 둔 채 삼각형 모양의 종이를 세 부분으로 찢어 각각의 각을 한 직선 위에 맞춰 놓습니다. 그러면 어떻게 될까요?

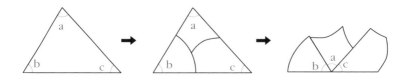

위 그림에서 볼 수 있듯이 삼각형의 세 각은 빈틈없이 하나의 직선 위에 모입니다. 삼각형은 그 모양에 따라 세 각의 크기가 각각 달라지지만 이 세 각을 모아 놓으면 항상 하나의 직선 위에 놓이게 됩니다. 즉, 삼각형은 모양에 관계없이 세 각의 합이 항상 180°가 되는 것입니다.

이번에는 각도기로 재거나 찢지 않고 삼각형의 세 각의 합이 180°가 된다는 사실을 알아볼까요?

아래의 그림처럼 삼각형 종이를 접어서 3개의 각을 한 곳으로 모으는 겁니다. 그러면 삼각형 종이를 잘라 내지 않고도 삼각형 세 각의 합이 180°임을 알 수 있습니다.

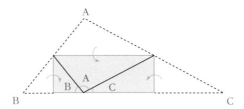

삼각형의 성질을 처음 발견한 사람은 누구일까요? 지금부터 삼각형의 성질을 발견한 파스칼(Blaise Pascal, 1623~1662)의 어린 시절 이야기를 들려주겠습니다.

어느 봄날, 따뜻한 바람이 파리의 교외에 불고 있었습니다. 넓은 들판에 서 있는 한 그루의 나무 옆에는 12살쯤 되어 보이는 아이들이 뛰어놀고 있었습니다.

얼마 지나지 않아 한 소년은 싫증이 났는지 무리에서 나와 길가로 갔습니다. 그러고는 막대기를 가지고 평평한 지면에 무엇인가를 열심히 그리기 시작했습니다. 그 소년이 땅바닥에 그리고 있는 것은 삼각형이었습니다. 소년은 옆에 있는 돌에 걸터앉아 삼각형을 바라보더니 삼각형의 변 위에 작고 똑바른 나뭇가지를 올려놓고 그것을 오른쪽 방향으로 돌렸습니다. 그러고는 나뭇가지의 앞쪽을 놓은 처음 지점에서 나뭇가지를 돌릴 때마다 머릿속으로 각을 더해 나갔습니다.

그런데 3번 돌렸을 때 나뭇가지의 앞쪽이 처음과 반대 방향을 향하고 있는 게 아니겠습니까? 소년은 깜짝 놀라 무릎을 치며 일어났습니다.

"겨우 알아냈다!"

소년은 집으로 달리기 시작했습니다. 그리고 문을 열자마자 아버지에게 말했습니다.

"아버지, 제가 재미있는 걸 알아냈어요. 어떤 모양의 삼각형이라도 세 각을 더하면 180°가 돼요."

이 말을 들은 아버지는 손에 쥐고 있던 연필을 떨어뜨릴 정도로 놀랐습니다. 왜냐하면 파스칼의 아버지도 '삼각형 세 각의 합은 180°가 된다'는 사실을 연구하고 있었기 때문입니다.

파스칼이 발견한 방법을 알기 쉽게 설명해 보겠습니다.

여러분은 먼저 짧은 연필 2개를 준비하세요. 그리고 삼각형 하나를 크게 그리세요. 삼각형 (1)부분에 연필을 그림과 같이 놓으세요. 또 하나의 연필은 a각도만큼 돌려서 (2)부분에 놓으세요. 그리고 (2)부분의 연필을 밀어서 (3)부분으로 옮겨 보세요.

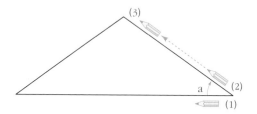

그 다음 b각도만큼 돌려서 (4)부분으로 이동합니다. 이렇게 하면 연필은 삼각형의 2개의 각을 돌아온 것이 되지요. 이번에는 (4)부분의 연필을 밀어서 (5)부분으로 옮겨 놓으세요.

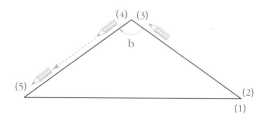

그리고 (5)부분에서 c각도만큼 돌려서 (6)부분으로 이동합니다. 그리고 (6)부분에 있는 연필을 밀어서 원래의 자리로 돌아오게 합니다.

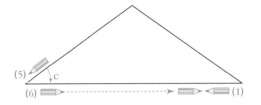

이렇게 하면 연필은 삼각형의 세 각을 돌아온 셈이 됩니다. 처음의 연필심은 왼쪽을 보고 있었는데, 삼각형의 세 각만큼 방향을 바꾸어서 돌고 난 후에는 연필심이 오른쪽을 보고 있습니다. 즉, 연필은 180°를 회전한 것이고, 이를 통해 삼각형 세 각의 합이 180°임을 알 수가 있는 것입니다.

삼각형을 찢어 붙이는 방법을 사각형에 적용해 보면 다음 그림처럼 사각형의 네 각이 모여 하나의 평면을 만든다는 사실을 알 수 있습니다. 그럼 사각형의 네 각의 합은 360°가 되겠네요.

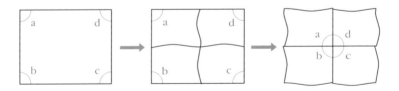

이와 같은 사실은 사각형에 1개의 대각선을 그으면 삼각형이 2개 생긴다는 사실에서도 알 수 있습니다. 삼각형의 세 각

의 합이 180°이므로, 삼각형이 2개가 모이면 360°가 되는 것이지요.

그렇다면 오각형은 어떻게 될까요? 이를 알기 위해서는 오각형에 1개의 대각선을 그어 나누어 보면 됩니다. 오각형의 한 꼭짓점에서 임의의 다른 한 꼭짓점으로 직선을 그어 보면, 오각형은 삼각형과 사각형으로 나누어집니다. 다시 말해 오각형의 각의 합은 삼각형의 세 각의 합 180°에 사각형의 네 각의 합 360°를 더한 값인 540°가 되는 것입니다. 이와 같은 원리는 모든 다각형의 내각의 합에 적용할 수 있습니다.

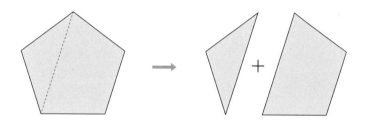

지금까지 우리가 알아본 도형의 각은 모두 도형 안쪽에 위치해 있기 때문에 내각이라고 부릅니다. 그런데 다음 페이지의 그림에서 보듯이 사각형의 한 변을 연장하면 내각과 구별되는 또 하나의 다른 각이 만들어진다는 것을 알 수 있습니다. 이렇게 도형의 한 변을 연장했을 때, 내각의 바깥 부분에

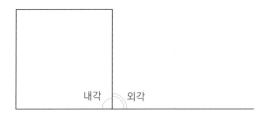

만들어지는 각을 외각이라고 합니다.

그럼 이번에는 다각형의 외각의 합에 대하여 알아보도록 합시다. 다음 그림과 같이 외각을 한 곳에 모아 봅시다. 그렇다면 삼각형의 모든 외각의 합이 360°가 됨을 알 수 있습니다.

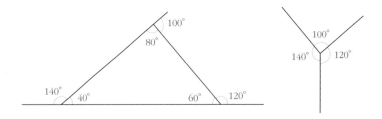

이번에는 사각형의 외각도 삼각형처럼 한곳에 모아 봅시다. 그 사각형의 모든 외각의 합 또한 360°가 됨을 알 수 있습니다.

그렇다면 다른 다각형의 외각의 합도 삼각형과 사각형처럼 360°일까요? 아니면 다각형마다 다를까요? 결론부터 말하자면 다각형의 외각의 합은 모두 360°입니다.

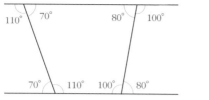

그렇다면 다각형의 외각의 합은 왜 항상 360°일까요?

그것은 다각형의 내각과 외각의 합의 관계를 살펴보면 알 수 있습니다. 일단 오각형을 예로 들어 외각의 합을 구해 보도록 합시다. 앞에서 배운 것처럼 다각형의 한 꼭짓점에서 내각과 외각의 합은 항상 180°가 됩니다. 그러므로 이 값에 꼭짓점의 개수를 곱하면 다각형의 내각과 외각의 합을 알 수 있습니다.

즉, 한 다각형의 모든 내각과 외각의 합은 (꼭짓점 수)× 180°가 되며 오각형의 경우 5×180°＝900°가 됩니다.

오각형을 삼각형으로 나누면 3개의 삼각형으로 나누어지고, 결국 삼각형의 개수에 180°를 곱한 값인 540°가 오각형 내각의 합이 됩니다. 그러므로 오각형의 외각의 합은 다음과 같습니다.

(오각형의 외각의 합)

＝{(모든 내각의 합)＋(모든 외각의 합)} － (모든 내각의 합)

$$= 900° - 540° = 360°$$

그러면 이제 다각형의 외각의 합이 360°인 이유를 알기 위해 다른 다각형들도 살펴보도록 합시다.

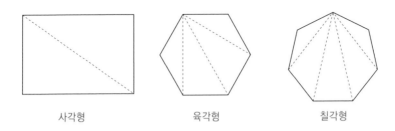

| 사각형 | 육각형 | 칠각형 |

다각형에 선을 그어 보면, 삼각형의 개수가 나타납니다. 사각형은 2개, 육각형은 4개, 칠각형은 5개이지요. 여기서 다각형을 이루는 삼각형의 총 개수가 꼭짓점의 수보다 항상 2개 적다는 사실을 알 수 있습니다.

그렇다면 다각형의 모든 내각의 합은 이렇게 표현할 수 있겠네요.

(다각형의 내각의 합)

= (꼭짓점 수 − 2) × 180°

= (꼭짓점 수) × 180° − 2 × 180°

그런데 다각형의 외각의 합은 내각과 외각의 합에서 내각
의 합을 빼 주면 되므로, 항상 360°가 되는 것입니다.

(다각형의 외각의 합)

= {(내각의 합 + 외각의 합)} – (내각의 합)

= (꼭짓점 수) × 180° – {(꼭짓점 수) × 180° – 2 × 180°}

= (꼭짓점 수) × 180° – (꼭짓점 수) × 180° + 2 × 180°

= 2 × 180°

= 360°

선생님, 다각형의 외각의 합은 왜 항상 360°인가요?

그것은 다각형의 내각의 합을 이용해서 확인할 수 있지요.

그렇다면 다각형의 내각의 합을 먼저 알아보죠. 여러 다각형에 대각선을 그어 몇 개의 삼각형이 모인 것인지 알아봅시다.

사각형은 2개, 오각형은 3개, 육각형은 4개의 삼각형이 생겨요.

사각형   오각형   육각형

아, 다각형을 이루는 삼각형의 총 개수가 꼭짓점의 수보다 항상 2개 적어요.

그렇지요.

사각형
꼭지점 4
삼각형 2

오각형
꼭지점 5
삼각형 3

육각형
꼭지점 6
삼각형 4

그래서 다각형의 내각의 합은 다음과 같지요.

아, 그렇군요.

(다각형의 내각의 합)
= (꼭짓점 수 − 2) × 180°
= (꼭짓점 수) × 180°
  − (2 × 180°)

이제 다각형의 내각과 외각의 합에서 내각의 합을 빼면 다각형의 외각의 합을 구할 수 있어요.

(다각형의 외각의 합)
= {(내각의 합 + 외각의 합)} − (내각의 합)
= (꼭짓점 수) × 180° − (꼭짓점 수) × 180°
  + 2 × 180°
= 2 × 180°
= 360°

따라서 어떤 다각형이건 상관없이 모든 다각형의 외각의 합은 360°입니다.

깔끔하게 풀이해 주시니 속이 시원하네요.

모든 다각형의 외각의 합 = 360°

아르키메데스와 원주율

원주율 속에는 원의 신비로운 성질이 있습니다.
그 성질이 무엇인지 알아봅시다.

아르키메데스와
원주율

탈레스는 원주율의
신비로운 성질을 알아보자며
여덟 번째 수업을 시작했다.

오늘은 다른 다각형과 완전히 구별되는 평면도형, 원에 대해 알아보겠습니다.

옛날에는 많은 사람들이 원을 신비한 존재로 생각했습니다. 그래서 그들은 원에 대해 집착하였고 그것에 대한 궁금증을 풀기 위해서 많은 노력을 기울였습니다.

원을 연구한 많은 사람들 중에 아르키메데스(Archimedes, B.C.287~B.C.212)만큼 원과 원주율에 대해 과학적이고 논리적으로 접근한 사람도 없었습니다.

지금으로부터 약 4,000년 전, 로마와 카르타고는 지중해의

패권을 차지하기 위해 오랫동안 전쟁을 치르고 있었습니다. 이때 시칠리아 섬에 있던 그리스의 도시 시라쿠사는 카르타고 편에 섰습니다. 그래서 그들은 로마군의 침공을 받게 되었고 그때마다 아르키메데스가 발명한 신무기를 이용하여 로마군을 격퇴할 수 있었습니다. 그러나 시라쿠사는 전쟁에서 지고 말았습니다. 전쟁에서 승리한 로마 병사들은 흥분을 억누르지 못하고 시라쿠사 여기저기를 떼지어 다니며 약탈과 살인을 저질렀습니다.

그때 마을 한쪽에서는 한 노인이 이런 소란에도 아랑곳하지 않고 땅바닥에 무언가를 열심히 그리고 있었습니다. 그런데 그만 로마 병사들이 그 노인이 그리고 있던 그림을 밟아 버리고 만 것입니다. 이에 화가 난 노인은 로마 병사에게 소리쳤습니다.

"안 돼, 이놈들아! 내 그림을 밟지 마라!"

전쟁으로 인해 거칠어질 대로 거칠어진 로마 병사는 그 자리에서 노인을 죽이고 말았습니다. 75세의 나이에 이처럼 극적인 죽음을 맞이한 이 노인이 바로 그 유명한 그리스의 수학자 아르키메데스였습니다.

알려진 바에 따르면 죽기 전에 그가 땅에 그리고 있던 것은 바로 원이었다고 합니다.

아르키메데스는 원에 대해 많은 관심을 가지고 있었습니다. 왜냐하면 원은 다른 도형들과 달리 각각의 크기가 다르더라도 지름의 길이와 원둘레 길이의 비가 항상 같기 때문입니다. 즉 원의 둘레를 원주라 할 때, 원주를 지름의 길이로 나눈 값은 항상 일정하다는 뜻입니다. 이것을 원주와 지름의 비율이라 하여 원주율이라고 합니다. 원주율은 원의 둘레를 뜻하는 그리스 어의 첫 글자 π로 나타내며 '파이'라고 읽습니다.

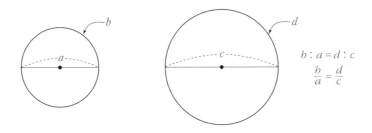

그렇다면 원주율의 값은 얼마일까요? 아르키메데스는 원주를 지름의 길이로 나눈 값이 언제나 일정하다는 사실에 주목하고 원주율의 정확한 값을 구하려고 노력했습니다.

결국 아르키메데스는 지름의 길이가 1인 원의 원주를 구해 보면 정확한 원주율을 구할 수 있을 것이라는 결론을 내렸고, 지름의 길이가 1인 원은 한 변의 길이가 1인 정사각형에 내접하기 때문에 원주는 정사각형의 둘레인 4보다 작다는 사실을 알게 되었습니다.

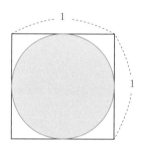

그리고 이 원에 내접하는 정사각형의 둘레를 구하면 원의 둘레는 원에 내접하는 정사각형의 둘레보다 크고, 원에 외접하는 정사각형의 길이보다는 작다는 것을 알 수 있습니다.

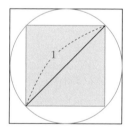

아르키메데스는 원주가 원 안에 접하는 정다각형의 둘레와 밖에 접하는 정다각형의 둘레의 길이 사이에 있다는 사실에 착안하여 다음과 같은 방법으로 원주율의 근삿값을 구했습

니다.

먼저 원을 그리고 원의 안과 밖에서 접하는 정육각형을 그립니다. 그러면 원주는 원 안에 있는 정육각형의 둘레보다는 크고 원 밖에 있는 정육각형의 둘레보다는 작게 됩니다.

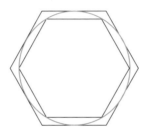

원에 내접하고 외접하는 정육각형

그리고 이번에는 원과 모양이 좀 더 비슷한 정십이각형을 원의 안과 밖에 그립니다. 그러면 정다각형들이 원 모양에 점점 가까워지면서 정다각형의 둘레도 원주와 점점 비슷해집니다.

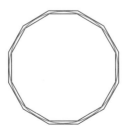

원에 내접하고 외접하는 정십이각형

아르키메데스는 이와 같은 방식으로 원에 외접하고 내접하는 정다각형을 정구십육각형까지 만들어서 다각형의 둘레의 길이를 구했습니다. 그 결과 아르키메데스는 원에 내접하는 정구십육각형의 둘레의 길이가 $\frac{223}{71}$(=3.140845…)이고, 외접하는 정구십육각형의 둘레의 길이가 $\frac{22}{7}$(=3.142857…)라는 것을 알아냈습니다. 따라서 지름의 길이가 1인 원의 원주율은 다음과 같은 범위 안에 존재하게 되는 것입니다.

$$3.140845\cdots < (\text{원주율}) < 3.142857\cdots$$

이렇게 해서 아르키메데스는 원에서 가장 신비롭고 중요한 부분이었던 원주율의 값을 알게 되었고, 그 후 사람들은 원의 넓이를 쉽게 구할 수 있었습니다. 다음 2가지 예는 원주율을 이용하여 원의 넓이를 구하는 방법을 소개한 것입니다.

일단 원을 부채꼴 모양으로 잘게 잘라 절반은 아래에 붙이고 나머지 절반은 위에 붙여 직사각형 모양으로 만듭니다.
이렇게 생긴 직사각형의 가로의 길이는 원주의 $\frac{1}{2}$ 이 되고 세로의 길이는 원의 반지름이 됩니다.
곧 원의 넓이는 (원주)$\times \frac{1}{2} \times$(반지름)이 되는 것입니다.

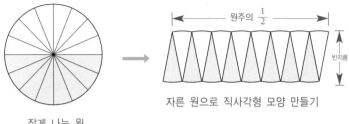

잘게 나눈 원 · 자른 원으로 직사각형 모양 만들기

여기서 원주율은 (원주)÷(지름)으로 구할 수 있으니, 원주는 (원주율)×(지름)이 됩니다. 그렇다면 다음과 같은 공식으로 원의 넓이를 구할 수 있겠네요.

(원의 넓이)

$$= (원주) \times \frac{1}{2} \times (반지름)$$

$$= \left\{ (원주율) \times (지름의 길이) \times \frac{1}{2} \right\} \times (반지름)$$

$$= (원주율) \times (반지름) \times (반지름)$$

또 다른 방법으로 원의 넓이를 구해 봅시다.

먼저 다음 페이지의 그림과 같이 아주 가느다란 실로 간격을 촘촘하게 메우며 원을 만들어 봅니다. 그리고 원이 끝나는 지점부터 원의 중심까지를 가위로 자른 다음 가장 긴 실부터 맨 아래에 차례대로 놓으면 직각삼각형이 만들어집니다.

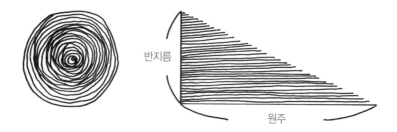

반지름

원주

여러분들도 직접 만들어 보세요.

이렇게 생긴 직각삼각형의 밑변의 길이는 원주가 되고 높이는 반지름에 해당됩니다.

삼각형의 넓이를 구하는 공식이 $(밑변) \times (높이) \times \frac{1}{2}$이므로 원의 넓이를 구하는 방식은 다음과 같이 표현할 수 있습니다.

(원의 넓이)

$= (원주) \times (반지름) \times \frac{1}{2}$

$= (원주율) \times (지름) \times (반지름) \times \frac{1}{2}$

$= (원주율) \times (지름) \times \frac{1}{2} \times (반지름)$

$= (원주율) \times (반지름) \times (반지름)$

접시들을 왜 다 꺼내 놨어?

원은 크기만 다르니까 뭔가 공통점이 있을 것 같아서 둘레와 지름의 길이를 재어 보는 중이야.

훌륭해요. 아르키메데스는 원의 둘레를 지름으로 나눈 값이 일정하다는 사실에 주목하고 그것의 정확한 값을 구하려고 했지요. 이 값을 원주와 지름의 비율이라 하여 '원주율' 이라고 해요.

그럼 원주율을 어떠한 방법으로 구했나요? 설마 미애처럼 구한 건 아니죠?

원주가 원에 내접하는 정다각형 둘레와 외접하는 정다각형 둘레의 길이 사이에 있다는 사실에 착안했어요. 정다각형의 변의 개수를 늘리면 원 모양에 점점 가까워져 둘레가 원주와 점점 비슷해지죠.

그는 이와 같은 방식으로 원에 외접하고 내접하는 정다각형을 정구십육각형까지 만들어서 다각형의 둘레의 길이를 구했어요.

정구십육각형이요? 그걸 사람이 그릴 수 있는 건 맞아요? 수학은 정말 인내의 학문이네요….

정구십육각형?

하하, 이렇게 해서 아르키메데스는 지름의 길이가 1인 원의 원주율은 다음과 같은 범위 안에 존재하게 된다는 것을 알게 됩니다.

와, 정말 대단해요.

$$3.1408\cdots < (원주율) < 3.1428\cdots$$

이것은 현재 우리가 원주율의 값을 3.14로 쓰고 있는 것과 매우 유사한 값이지요.

쉽게 구해진 값이 아니군요. 덕분에 우리는 원의 넓이를 쉽게 구할 수 있게 되었네요.

아르키메데스 선생님, 고맙습니다.

원의 세계

평면 위에서 한 점 O로부터 일정한 거리에 있는 모든 점들의 집합을
원이라고 합니다. 원이 가지고 있는 성질에 대해 알아봅시다.

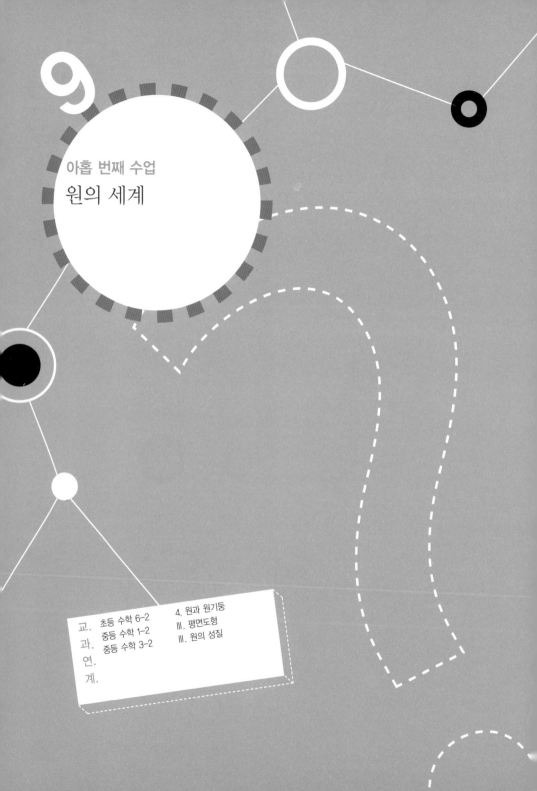

9

원의 세계

탈레스는 원의 세계로 초대한다며
아홉 번째 수업을 시작했다.

오늘은 원의 모든 것에 대해 알아보겠습니다.

만약 어떤 사람이 자신이 있는 곳에서 직선 거리로 1만 km 안에 어떤 나라들이 있는지 알아보려고 한다면 어떻게 해야 할까요?

우선 세계 지도를 펼쳐 보세요. 세계 지도의 축척이 1억 분의 1이라면 실제 거리 1만 km는 지도 상에서 10cm로 나타납니다. 그렇다면 컴퍼스의 거리를 10cm로 고정하여, 그것을 자기가 있는 도시에 놓고 원을 그립니다.

그러면 원 안에 들어 있는 나라는 모두 그 사람이 있는 곳

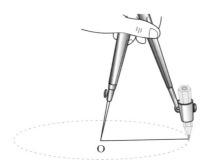

에서 1만 km 이내에 있는 것입니다. 그리고 원에 걸리는 도시들은 그 사람이 있는 곳에서 정확히 1만 km 떨어진 곳에 위치해 있는 곳입니다. 이와 같은 결과는 원의 정의를 통해서 얻을 수 있습니다.

왜냐하면 원이란, 평면 위의 한 점 O로부터의 거리가 일정한 모든 점들의 집합을 말하기 때문입니다. 이때 점 O를 원의 중심이라 하고, 원의 중심에서 일정하게 떨어진 거리를 반지름이라고 합니다.

그렇다면 100원짜리 동전은 원일까요? 많은 학생들이 100원짜리 동전은 원이 아니라고 말합니다. 그 이유는 100원짜리 동전 주위에는 톱니 모양이 있기 때문입니다. 그러면 정말 100원짜리 동전은 원이라고 말할 수 없는 걸까요?

__글쎄요……

정확히 말해서 100원짜리 동전이든 10원짜리 동전이든,

이것은 원이 아니라 원판입니다.

　수학적으로 원은 둥근 부분의 선을 말하는 것이지 그 내부는 포함하지 않기 때문입니다. 따라서 둥근 반지나 훌라후프 등은 원이라고 할 수 있으나 둥근 접시나 둥근 프라이팬 등은 원이 아니라 원판인 것입니다.

　원 위에 두 점 A, B를 잡으면 원은 두 부분으로 나누어집니다. 이때 점 AB 사이의 둥근 부분을 호라고 합니다. 호 AB는 기호로 $\overset{\frown}{AB}$로 나타냅니다. 이때 둥근 부분이 큰 쪽과 작은 쪽으로 나누어지는데 어느 쪽을 호라고 할까요? 두 쪽 모두를 호라고 할까요? 보통 호는 두 부분 중 작은 쪽만을 의미합니다.

　그리고 원 위의 두 점을 이은 선분은 현이라고 합니다. 현 중에서 제일 긴 것은 원의 중심을 지나가는 현인데, 그것이 바로 원의 지름이지요.

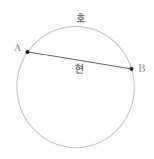

이번에는 원과 그 내부로 이루어진 원판의 일부분에 대해 생각해 보겠습니다. 아래 그림을 보세요.

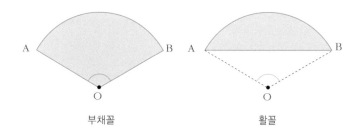

부채꼴   활꼴

원의 두 반지름 OA와 OB, 그리고 호 AB로 이루어진 도형을 부채꼴이라고 합니다. 부채꼴에서 두 반지름 OA와 OB가 이루는 ∠AOB는 $\widehat{AB}$에 대한 중심각이라고 하지요. 그리고 현 AB와 호 AB로 이루어진 도형을 활꼴이라고 합니다.

__ 아, 그렇군요.

오른쪽 페이지처럼 원의 중심 O에서 중심각의 크기가 같은 2개의 부채꼴을 그리고, 한쪽 부채꼴을 점 O를 중심으로 회전시켜 보면 그것이 다른 쪽 부채꼴에 포개어짐을 알 수 있습니다. 그러므로 한 원에서 중심각의 크기가 같은 두 부채꼴의 호의 길이는 서로 같습니다.

반대로 부채꼴의 호의 길이가 서로 같으면 두 부채꼴의 중심각의 크기도 당연히 같겠죠.

포개어짐

또한 한 원에서 부채꼴의 호의 길이는 그 호에 대한 중심각의
크기에 비례합니다.

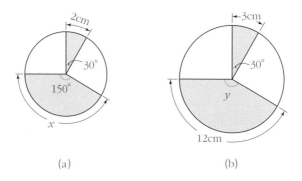

(a)   (b)

예를 들어 (a)에서 x를 구해 보겠습니다.

$$30 : 2 = 150 : x$$

$$30x = 300$$

$$x = 10$$

그러므로 부채꼴의 호의 길이 x는 10cm입니다. 왜냐하면 중심각 150°가 중심각 30°의 5배이므로 호의 길이도 2cm의 5배인 10cm가 되는 것입니다.

이번에는 (b)에서 y의 값을 알아보겠습니다.

$$30 : 3 = y : 12$$
$$3y = 360$$
$$y = 120$$

그러므로 부채꼴의 중심각 y는 120°입니다. 왜냐하면 호의 길이 12cm가 호의 길이 3cm의 4배이므로 중심각도 30°의 4배인 120°가 되는 것입니다.

이제는 중심각과 반지름이 주어진 부채꼴의 호의 길이와 넓이를 구해 보도록 합시다.

부채꼴의 호의 길이는 중심각의 크기에 비례한다고 했습니다. 그럼 오른쪽 페이지의 그림에서 중심각의 크기가 60°이고, 반지름의 길이가 6cm인 부채꼴의 호의 길이를 구해 봅시다.

원과 부채꼴에 관한 비례식을 세우면 되겠죠.

— 네, 알고 있어요.

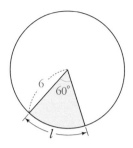

(원의 중심각) : (원주) = (부채꼴의 중심각) : (호의 길이)

$$360 : 2\pi \times 6 = 60 : l$$

$$360 \times l = 2\pi \times 6 \times 60$$

$$360 \times l = 2\pi \times 360$$

$$l = 2\pi$$

또 다른 방법으로는 60°가 원의 중심각 360° 중에서 차지하는 비율을 이용하여 구해도 됩니다.

$$\text{(부채꼴의 호의 길이)} = \text{(원주)} \times \frac{\text{(부채꼴의 중심각)}}{360°}$$

$$= 2\pi \times 6 \times \frac{60°}{360°}$$

$$= 2\pi$$

이때 부채꼴의 넓이는 다음과 같이 구합니다.

$$(부채꼴의 넓이) = (원의 넓이) \times \frac{(부채꼴의 중심각)}{360°}$$

$$= \pi \times 6 \times 6 \times \frac{60°}{360°}$$

$$= 6\pi$$

수학자의 비밀노트

현의 길이와 중심각의 크기

한 원에서 부채꼴의 호의 길이는 그 호에 대한 중심각의 크기에 비례한다. 그러나 부채꼴의 현의 길이는 중심각의 크기에 비례하지 않는다. 물론 중심각의 크기가 같을 경우에 현의 길이는 같다. 하지만 중심각의 크기가 2배가 되었다고, 현의 길이도 2배가 되는 것은 아니다.

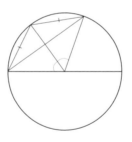

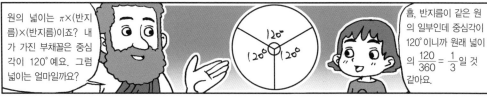

탈레스의 반원

지름 위에 있는 원주각은 항상 직각을 이룹니다.
탈레스는 원주각이 항상 직각을 이룬다는 사실을
어떻게 알아냈는지 살펴봅시다.

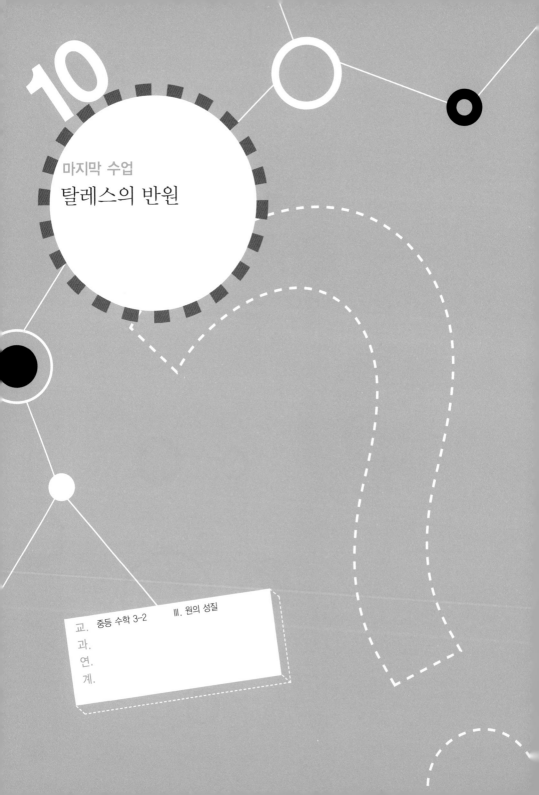

10

마지막 수업

탈레스의 반원

탈레스는 원주각에 대한 이야기로
마지막 수업을 시작했다.

오늘 수업에서는 지름 위의 원주각이 항상 직각을 이룬다
는 것에 대해 알아봅시다.

고대 이집트에서 피라미드를 만든 것은 지금으로부터
4,800년 전쯤의 일이라고 합니다. 이렇게 거대한 구조물을
짓기 위해서는 고도로 발달된 측량 기술이 필요했을 것입니
다. 그런데 측량술이 발달하기 위해서는 평행선 작도 등을
비롯하여 도형에 관한 여러 가지 기본 지식들이 필수적으로
축적되어 있어야만 했습니다.

이집트에서는 이미 측량에 대한 다양한 지식이 축적되어

있었으며 이러한 지식은 실제로 거대한 구조물뿐만 아니라 집을 짓는 데에도 사용되었습니다. 그런데 이집트 사람들은 이러한 훌륭한 지식과 기술을 가지고 있었으면서도 '왜 그렇게 되는가?'라는 근본적인 물음에는 관심이 없었습니다. 그저 그런 지식과 기술이 실용적으로 사용되는 것에만 관심을 기울였지요.

하지만 그리스 인들은 그들과 달랐습니다. 이집트보다 문화가 훨씬 뒤떨어진 그리스는 이집트의 뛰어난 측량술을 수입하여 건축물을 지었습니다. 그러나 따지기를 좋아하는 민족성 탓에 왜 이러한 지식과 기술이 나오게 되었는지를 계속해서 고민하고 연구하였습니다. 그 결과 그들은 자신들이 사용하는 측량술과 지식에 대한 수학적인 증명을 하게 된 것이지요.

다음은 이집트의 측량술과 그리스 기하학의 차이를 보여주는 재미있는 예입니다.

이집트의 학자들과 기술자들은 선분 AB의 한 끝점 B에서 직각을 만들고자 할 때, 선분 AC를 지름으로 하여 점 A, B를 지나는 반원을 그리고 점 B와 점 C를 연결하였습니다. 그렇게 하면 ∠ABC가 직각이 된다는 사실을 알고 있었기 때문입니다.

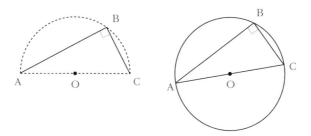

그러나 이집트 사람들의 관심은 그것으로 끝이었습니다. 그들은 왜 ∠ABC가 직각이 되는지에 대해서는 더 이상 관심을 갖지 않았습니다.

반면에 그리스 사람들은 이 사실을 이론적으로 설명하기 위해 많은 노력을 하였습니다. 그런 노력을 한 사람들 중에 선두 주자가 바로 나, 탈레스입니다.

반원은 크고 작은 것 등 크기가 매우 다양하며 반원 위에 한 점을 잡는 방법도 무수히 많습니다. 이렇게 많은 원주각이 모두 직각이라는 것을 확인해야만 비로소 '지름 위의 원주각은 직각이다'라고 장담할 수 있는 것입니다. 그러나 이 많은 각을 일일이 다 조사하는 것은 불가능한 일입니다.

나는 일일이 조사하지 않고도 지름 위의 모든 원주각이 직각이라는 것을 확인할 수 있는 아주 멋진 방법을 찾아냈습니다. 그 방법은 모든 반원의 대표가 되는 대표 반원과 반원 위에 있는 모든 점을 대표하는 대표 점을 정하는 것입니다. 이

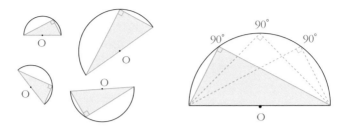

것은 다양한 크기의 반원과 반원 위에 있는 수많은 점들 중 하나를 선택해야 하는 경우를 단번에 처리하는 것이지요.

아래의 증명에 쓰인 반원은 모든 반원의 대표 반원이고 점 P는 반원 위에 있는 모든 점을 대표하는 임의의 점입니다.

지름 위의 원주각은 직각이다.

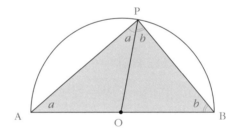

(증명)

반원 위에 한 점 P를 잡고, 중심 O와 연결하면 $\overline{OA}=\overline{OP}=\overline{OB}$(모두 반지름)이므로 △PAO와 △POB는 이등변삼각형이다.

이때 이등변삼각형은 두 밑각이 같으므로 다음과 같다.

$\angle OAP = \angle OPA = \angle a$

$\angle OBP = \angle OPB = \angle b$

그런데 △ABP의 내각의 합은 180°이므로 다음과 같다.

$\angle a + \angle a + \angle b + \angle b = 180°$

$2 \times (\angle a + \angle b) = 180°$

$\angle a + \angle b = 90°$

따라서 지름 위의 원주각은 직각이다.

이와 같이 증명해 놓으면, 점 P를 반원 위의 어느 곳에 잡아도 ∠APB는 언제나 직각이 됩니다. 따라서 무수히 많은 경우를 일일이 조사하지 않고도 단 하나의 '대표'만을 가지고 문제를 해결할 수 있는 것입니다. 이렇게 증명하는 방법을 터득하면 쉽게 답할 수 없어 보이는 문제에 대해서도 해답을 얻을 수 있습니다.

사실 고대 메소포타미아 인들은 피라미드를 건설한 이집트 사람들보다 더 발전된 수학 지식을 가졌습니다. 그러나 이들의 수학은 훨씬 늦게 시작한 그리스 수학에 가려져 한낱 옛날이야깃거리로밖에 취급받지 못하였습니다. 이렇게 된 이유는 그들이 알고 있는 수학적인 지식을 증명하려고 하지 않고 그저 실생활에 적용하는 데 그쳤기 때문입니다.

여러분들도 혹시 지금까지 배운 수학 공식들을 어려워하며 계산할 때만 쓰진 않았나요? 그렇다면 지금부터는 당연하게 받아들였던 다양한 공식과 풀이 방법에 대해 '왜 그렇게 되는 걸까?'라는 의문을 가져 보세요. 여러분 나름대로 증명을 해 보는 것도 좋겠네요. 아마 수학이 더욱 재미있고 창의적인 학문으로 느껴질 것입니다.

그리스 최초의 철학자
탈레스 Thales, B.C.624~B.C.546

탈레스는 기원전 640년경에 그리스의 식민지인 밀레토스에서 태어났습니다. 그는 어렸을 적부터 소금을 파는 상점의 점원으로 일했는데, 매우 총명하고 정직해서 상점 주인의 사랑을 받았으며 성실히 일한 결과 청년이 되었을 때 소금과 기름을 파는 상점의 주인이 되었습니다.

그는 그리스 안에서의 장사에 만족하지 않고, 당시 문물이 매우 발달되었던 이집트로 장사의 폭을 넓혀 나갔습니다. 지금으로 말하면 국가간 무역을 시작했던 것입니다. 이집트에 도착한 탈레스는 사막에 우뚝 서 있는 쿠푸 왕의 피라미드를 목격하고는 놀라움을 금치 못했으며, 그 자리에서 쿠푸 왕의 피라미드의 높이를 구해 사람들을 놀라게 했습니다.

탈레스는 이집트와 메소포타미아 지방을 돌아다니면서 그리스에는 없는 동방의 지식을 얻었으며, 이렇게 얻은 지식은 훗날 탈레스의 학문의 바탕이 되었습니다. 그리고 이들 나라로부터 얻은 지식을 바탕으로 수학과 철학에 몰두했습니다. 그러나 사실 이집트나 메소포타미아의 지식들은 학문적 깊이가 있는 지식이기보다는 실생활에 이용되고 있는 실용적인 지식에 불과했습니다. 그는 이러한 실용적인 지식을 바탕으로 하나의 체계적인 학문을 만들어냈던 것입니다.

탈레스는 만물의 근원은 '물'이라고 하여 물의 철학자라 불렸습니다. 물은 생명을 위하여 없어서는 안 되는 것이며 물이 고체, 액체, 기체라는 3가지 상태를 나타낸다는 것에서 그렇게 추정한 듯합니다.

탈레스는 흔히 '철학의 아버지'라고 불립니다. 어느 분야에서이건 '아버지'라고 불리는 인물은 그 분야에서 가장 존경받는 원로입니다. 또한 그는 고대 그리스의 7현인 중에서도 가장 위대한 현자로 인정받고 있습니다.

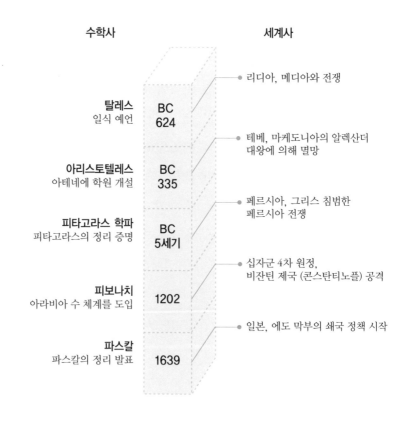

언제, 무슨 일이?

수학사

세계사

리디아, 메디아와 전쟁

탈레스
일식 예언

BC
624

테베, 마케도니아의 알렉산더
대왕에 의해 멸망

아리스토텔레스
아테네에 학원 개설

BC
335

페르시아, 그리스 침범한
페르시아 전쟁

피타고라스 학파
피타고라스의 정리 증명

BC
5세기

십자군 4차 원정,
비잔틴 제국 (콘스탄티노플) 공격

피보나치
아라비아 수 체계를 도입

1202

일본, 에도 막부의 쇄국 정책 시작

파스칼
파스칼의 정리 발표

1639

1. 영어로 기하학을 뜻하는 geometry는 '□□ 를 □□ 하다' 라는 뜻
   입니다.
2. 평면도형을 이루는 기본 요소는 □, □, □ 입니다.
3. 고대 바빌로니아 사람들은 오랫동안 태양을 관찰한 결과, 태양이 매일
   조금씩 이동하여 처음의 자리로 돌아오는 데 □□□ 일이 걸린다는
   것을 알아냈습니다.
4. 플라톤은 직선으로 둘러싸인 면은 모두 삼각형으로 분해할 수 있기 때
   문에 □□□ 이 가장 기본적인 도형이라고 하였습니다.
5. 각의 크기가 0°보다 크고 90°보다 작으면 □□ 이라 하고, 90°보다
   크고 180°보다 작으면 □□ 이라고 합니다.
6. 다각형 내부 영역에서 임의의 두 점을 연결한 선분이 다각형 영역 안에
   완전히 놓이면 □□ 다각형입니다.
7. 원의 둘레를 원주라고 하는데, 원주를 지름의 길이로 나눈 값은 항상
   일정하며 이것을 □□□ 이라 합니다.

1. 토지, 측정 2. 점, 선, 면 3. 360 4. 삼각형, 민국 5. 예각, 둔각 6. 볼록 7. 원주율

평행선의 공준을 무너뜨린 로바쳅스키

로바쳅스키는 흔히 '기하학의 코페르니쿠스'라고 불립니다. 로바쳅스키의 기하학은 이전까지의 유클리드 기하학을 상대화시키며 새로운 공간 개념을 만들어 냈습니다. 로바쳅스키의 기하학은 평행선의 공준 대신에 로바쳅스키 – 볼리아이의 공준을 기초로 하여 세워진 기하학입니다.

유클리드 기하학은 직선 밖의 한 점을 지나 그 직선과 만나지 않는 직선은 하나밖에 없다고 가정하고 있습니다.

그러나 로바쳅스키는 평면 위에서 직선 밖의 한 점을 지나 이 직선과 만나지 않는 직선은 수없이 많다는 가정 위에 새로운 기하학을 세웠습니다. 즉, 말안장처럼 오목한 면 위에서는 로바쳅스키의 공리가 성립합니다.

반면에 지구처럼 볼록한 면 위에서는 직선 밖의 한 점을 지나 그 직선과 만나지 않는 직선은 존재하지 않습니다. 예컨

대, 지구 위의 경선은 모두 극점에서 만납니다. 2개의 직선은 반드시 두 점에서 교차하며, 따라서 평행선은 존재할 수 없습니다.

이 기하학을 로바쳅스키 기하학(로바쳅스키 – 볼리아이 기하학이라고도 함) 또는 쌍곡선적 비유클리드 기하학이라고 하는데 등각 사상론, 곡면의 위상 기하학 등 그 응용 범위가 넓습니다.

유클리드 기하학은 원론에 등장하는 5개의 공준을 전부 인정하는 기하학이며, 그중에서 평행선 공준을 빼고 이에 모순되는 공준을 추가하여 구성되는 기하학을 비유클리드 기하학이라고 합니다.

즉, 유클리드 공간에서는 '한 직선과 그 직선 위에 있지 않은 점이 주어졌을 때, 그 직선과 평행하고 그 점을 지나는 직선은 하나이다'라는 평행선 공준이 성립하지만, 비유클리드 기하학에서는 이 공준이 성립하지 않는 공간을 다룹니다.

찾아보기

어디에 어떤 내용이?